U0383319

遥感影像像素—对象—场景智能分类

龚循强　周秀芳　马爱龙　朱煜峰　鲁铁定　吕开云　著

WUHAN UNIVERSITY PRESS
武汉大学出版社

图书在版编目（CIP）数据

遥感影像像素—对象—场景智能分类 / 龚循强等著. -- 武汉：武汉大学出版社，2025. 2. -- ISBN 978-7-307-24799-4

Ⅰ. TP751

中国国家版本馆 CIP 数据核字第 202452PK86 号

责任编辑:杨晓露　　　责任校对:鄢春梅　　　装帧设计:马　佳

出版发行:**武汉大学出版社**　（430072　武昌　珞珈山）

（电子邮箱:cbs22@ whu.edu.cn 网址:www.wdp.com.cn）

印刷:湖北恒泰印务有限公司

开本:787×1092　　1/16　　印张:13.25　　字数:307 千字

版次:2025 年 2 月第 1 版　　2025 年 2 月第 1 次印刷

ISBN 978-7-307-24799-4　　定价:68.00 元

序

    遥感是对地观测的重要手段之一，经过多年的发展，我国的遥感技术取得了较大突破，已广泛应用于自然资源调查监测、生态环境保护、灾害应急和国家重大工程等诸多领域。2022 年，遥感科学与技术被列入交叉学科一级学科门类，遥感的发展迈上了一个新的台阶。

    遥感影像分类是土地利用/土地覆盖不可或缺的技术手段，其能够准确刻画全球或局部区域内地表信息。随着传感器等对地观测技术的发展，遥感影像的空间分辨率不断提高，已经形成了从千米级、百米级到米级、分米级的观测体系。然而，地表不同地物之间存在着不同的空间分布模式，如不同的对象可以具有相同的像素构成，不同的场景可以具有相同的对象构成。因此，需要从不同的尺度上来解译遥感影像。

    遥感影像多尺度分类是目前遥感影像处理与解译研究的热点之一。论著作者围绕该国际前沿和热点问题，以遥感影像像素—对象—场景分类为主线，基于人工智能方法，开展像素级分类、面向对象分类和场景级分类研究，建立了多种遥感影像多尺度分类和解译方法。首先，在像素级分类方面，对异常样本进行探测，提出了一种多光谱与 SAR 融合辅助的遥感影像分类方法。其次，在对象级分类方面，基于规则验证点，提出了一种顾及对象级异常样本的遥感影像分类方法。再次，在场景级分类方面，采用自训练与卷积神经网络相结合的方法对遥感影像场景分类中存在的异常标签进行探测，突破了训练卷积神经网络时标签数据异常的问题。

    这些研究旨在提高遥感影像多尺度智能分类精度和性能，推动遥感影像处理技术的应用与发展。谨此，向作者在遥感影像多尺度智能分类领域取得的先进成果表示充分肯定，并向国内外同行推荐该本力作，此书值得测绘遥感界同行阅读、参考及应用。

2024 年 11 月 21 日

前　言

　　遥感影像分类是遥感领域的重要研究方向，主要包括非监督分类和监督分类。对于大多数遥感分类任务，监督分类由于包含额外的先验信息，其分类结果通常优于非监督分类。典型的监督学习框架提供一定数量的训练样本以训练分类器，然后将目标影像分为不同的类别。因此，监督分类的精度在很大程度上取决于训练样本的质量。然而，由于人为错误或条件限制，遥感影像分类中的训练样本可能包含异常值，如果使用含异常值的训练样本进行后续的研究与测试，将会导致研究结果与实际效果产生偏差。在像素级和对象级遥感影像的异常训练样本探测中，异常训练样本一般可以分为不纯训练样本和错选训练样本，其中不纯训练样本通常含有多种地物类别的像元，错选训练样本通常由于判断失误或影像质量问题导致选取的训练样本实际类别与赋予的类别不一致。在遥感场景影像方面，可以获取大量卫星或无人机的原始影像数据，但其中大多数的影像不含对应标签。在面对大量无标签的场景影像时，如何赋予其准确的标签已成为当前研究热点。由人工进行标注的标签准确率较高，但会耗费大量的时间和资源，效率较低，因此通常采用机器学习的分类方法对无标签的场景影像进行标注。然而，无论采用何种方法对无标签影像进行分类，其赋予的标签中都可能含有异常标签，在遥感场景影像中，这种分类完成后含有异常标签的数据称为伪标签。使用含有异常标签的数据集在后续的研究中将无法得到准确的结果，因此对无标签的遥感场景影像得到的伪标签进行异常探测就显得尤为重要。

　　本书以遥感影像像素—对象—场景智能分类为主线，在对像素级分类、面向对象分类和场景级分类全面理解的基础上，分别对各类方法进行对比分析和应用研究。此外，采取相关的研究方法对异常值(包括异常样本和异常标签)进行探测与剔除，减小异常值在遥感影像分类前后对实验方法研究和实际应用的影响，提高影像分类的精度，促进遥感影像分类自动化、准确化和综合化发展。这些研究旨在提高遥感影像分类精度和异常值探测的性能，推动遥感影像分类技术的应用与发展。本书共分为 12 章，主要内容安排如下。

　　第 1 章为绪论。本章简要介绍了影像的基本概念、遥感影像的类型和遥感影像的应用，接着重点阐述和分析了国内外遥感影像智能分类的研究现状，包括像素级分类、面向对象分类和场景级分类的发展情况。

　　第 2 章利用三种异常值探测方法对模拟数据和真实数据进行异常值探测。首先概述了异常值探测方法的国内外研究现状，然后简要介绍了三种异常值探测方法的特点，接着对实验设计进行了描述，包括两组模拟数据和两组真实数据。最后对模拟数据和真实数据的实验结果进行分析，并且得出 MAD 方法比 Z-score 方法和 boxplot 方法有更好的性能。

　　第 3 章主要讨论非监督分类和监督分类的概念及方法。详细介绍了 7 种常见的分类方法，分别是 K-Means 方法、ISODATA 方法、最小距离方法、最大似然方法、神经网络方法、支持向量机方法和马氏距离方法，并设计遥感影像像素级分类实验。

第 4 章采用 MAD 方法对像素级遥感影像分类中的异常样本进行探测。在遥感影像像素级分类中，每个地物类别的训练样本通常以多边形的形式采集，如果一个地物类别的训练样本包括一定数量其他地物类别的像元，那么它就是不纯训练样本，其类内方差将明显大于提纯训练样本的方差。本章利用 MAD 方法将异常训练样本分为不纯和错选训练样本两类。采用探测前后的训练样本进行 SVM 分类，比较探测前后的分类精度变化以验证 MAD 对异常训练样本探测的可行性。最后比较单个和多个异常训练样本的分类结果可以发现，含单个异常训练样本的分类结果相对于多个异常训练样本的分类精度较高；而在剔除所有异常训练样本之后，分类精度有了进一步的提高，得出使用 MAD 提纯训练样本能够提高遥感影像监督分类的精度。

第 5 章采用多光谱与 SAR 的遥感影像融合方法辅助像素级分类。首先介绍一种结合改进 Laplacian 能量和参数自适应双通道 ULPCNN 的遥感影像融合方法。然后选取两组数据和 11 种评价指标对 14 种融合方法进行实验和对比评价，分析融合方法的空间增强和光谱保真性能。最后通过随机森林分类器进行土地覆盖分类，分析融合影像的分类效果。实验结果表明，融合技术能够提高遥感影像像素级分类精度。

第 6 章首先简要讲述了传统基于像素的分类方法在高分辨率遥感影像分类中的局限性，并阐述了面向对象分类在现代高分辨率遥感影像分类中的优势和基本原理。影像分割是影像分类中的关键步骤，也是影像处理和分析的最基本内容。本章对多尺度分割的理论基础和方法原理进行分析，并选取多尺度分割中常用的多分辨率分割、四叉树分割、Mean-Shift 分割和 Watershed 分割 4 种分割方法进行实验，最终多分辨率分割方法表现最佳。

第 7 章基于第 6 章对多种分割方法进行的实验，通过分析数据，在影像分类之前采用多分辨率分割对遥感影像进行分割。通过 ESP 分割参数优选工具在优先建立合理的分割参数选择的基础上，以 GF-2 影像数据为研究对象，分别采用 K-最近邻分类、支持向量机分类、CART 决策树分类等面向对象分类方法进行实验分析，对三种面向对象分类方法的有效性进行评估。并将面向对象分类方法应用于高铁线路提取中。

第 8 章对面向对象分类的传统随机验证样本点精度评定进行分析，提出了基于规则验证点的面向对象精度评价方法。以往专家学者在面向对象分类中采用随机验证样本点进行精度评定，往往会出现样本聚集，在同一错误分类图斑上造成相同地物类别样本点分布过多，而在其他分类正确的地物类别样本点分布较少，容易引起较大的精度评定误差，导致评定结果与分类效果不匹配。本章提出基于规则验证点的面向对象分类精度评价方法，在使用支持向量机、CART 决策树和 K-最近邻进行分类的基础上，分别采用基于规则验证点和随机验证点对分类结果进行精度评定。

第 9 章主要针对面向对象分类时有可能存在的异常样本的问题，研究有效的解决方法，提出一种中值绝对偏差方法与 K-最近邻分类器相结合的方法（MAD-KNN）。该方法在传统的面向对象分类的基础上添加了探测样本是否存在异常的 MAD 算法模块，在选择样本后对样本进行检测并剔除异常样本，以达到提高分类精度的目的。实验中以两幅 GF-2 影像为例，对单个不纯训练样本和多个不纯训练样本的情况分别用传统面向对象的分类方法与本章提出的 MAD-KNN 方法的分类结果进行对比，结果表明在两种情况下本章分类方法的分类精度均优于传统方法，通过对影像分类中的样本进行再训练可以获得更准确的结果。

第 10 章主要介绍了使用卷积神经网络对遥感影像进行场景级分类。遥感场景影像特征多样，不仅包括泛化性较差的低层视觉特征，还包括很多信息丰富、稳定性好、判别能力强的中层语义特征，卷积神经网络可以从大量的影像中提取更多特征。本章构建三种常见的卷积神经网络模型，对高铁沿线的遥感影像场景进行分类，比较三种卷积神经网络在分类中的效果。

第 11 章针对遥感影像场景分类中存在的异常标签问题提出解决方法，使用自训练算法与卷积神经网络相结合的方法对遥感影像进行异常探测，在一定程度上解决训练卷积神经网络时标签数据异常的问题。本章首先将在含有错误标签的场景影像数据集中提取出的少量的准确标签数据作为真实标签，将其他的标签数据作为异常数据。之后将真实标签数据作为训练集训练卷积神经网络模型，利用训练结果对伪标签数据进行异常探测。最后将探测为正类的样本作为真实标签进行下一轮的训练和探测，直到各项指标趋于稳定后结束迭代流程。本章分别使用 GoogleNet、DenseNet 和 ResNet 三种卷积神经网络在依次增大的异常标签占比的数据集上进行训练，并比较了使用三种网络进行异常探测的效果。

第 12 章对本书的主要内容进行总结，得出相关结论，指出本书研究的不足之处，并对未来的研究进行展望。

本书第 1 章、第 2 章、第 4 章、第 9 章由龚循强撰写，第 6 章、第 7 章、第 8 章由周秀芳撰写，第 10 章、第 11 章由马爱龙撰写，第 3 章由朱煜峰撰写，第 12 章由鲁铁定撰写，第 5 章由吕开云撰写。书稿撰写得到了刘星雷、张方泽、侯昭阳、刘卓涛、方启锐、罗升、李泽春、杨淑婷等研究生的帮助。

由于作者水平有限，书中内容难免存在错误和不足之处，敬请读者批评指正。

全体作者

2025 年 2 月

目　　录

第1章 绪 论

1.1 影像的基本概念

影像(Image)是人对视觉感知的物质再现(如图 1.1 所示)。根据维基百科,影像既可以是二维的,例如绘画、素描或照片;也可以是三维的,例如雕塑。影像可以通过多种媒介进行展示,包括在表面上的投影、电子信号的激活或数字显示。影像还可以通过机械手段进行复制,如摄影、版画或复印,而遥感影像属于此类范畴。

(a)二维影像   (b)三维影像

图 1.1 影像基本样式(来自维基百科)

遥感源自英文单词 Remote Sensing,直译"遥远的感知"。广义上泛指一切无接触的远距离探测,包括对电磁场、力场、机械波(声波、地震波)等的探测。狭义上则是指应用探测仪器,不与探测目标相接触,从远处把目标的电磁波特性记录下来,通过分析,揭示出物体的特征性质及其变化的综合性探测技术。因此,遥感影像(Remote Sensing Image)是指通过遥感技术获取的地球表面的图像或照片。

遥感影像的发展经历了数百年历史和发展阶段,如图 1.2 所示。1837 年,达盖尔(Louis Daguerre)发明了银版摄影术。随后 1849 年,"摄影测量之父"艾米·劳塞达特(Aimé Laussedat)制订了摄影测量计划。1858 年,纳达尔(笔名 Nadar,原名 Gaspard-Félix Tournachon)使用气球拍摄了巴黎照片,成为第一个进行空中摄影的人,此后许多人开始通过热气球、风筝及信鸽进行早期空中摄影。而在 1903 年,莱特兄弟(Orville Wright 和 Wilbur Wright)成功完成首次飞机试飞工作,航空摄影就此提上议程。随后在第一次、第二次世界大战期间,航空摄影成为军事监视侦查的重要手段,并逐渐将该项技术拓展至民用。1941 年，巴格莱（James W. Bagley）出版了《航空摄影与航空测量》（Aerophotography and Aerosurveying），书中系统地阐述了航空摄影理论与方法。

1957 年 10 月 4 日，苏联成功发射世界上第一颗人造地球卫星。1959 年 9 月美国先驱者二号拍摄了地球云图，同年 10 月苏联月球 3 号拍摄了月球背面。1960 年，美国发射 TIROS-1 和 NOAA-1 两颗太阳同步气象卫星，开始对地球进行长期观测，标志着航天摄影开始走向成熟。

  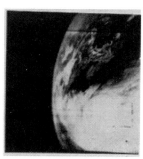

（a）气球摄影　　　　　　　（b）航空摄影　　　　　　　（c）航天摄影

图 1.2　影像基本样式（来自维基百科）

目前遥感影像主要来源于航空摄影和航天摄影。无人机摄影测量的兴起让航空摄影得以发展，而航天摄影随着传感器的改进及数据的数字化，获取的遥感影像更加清晰，信息更为丰富。本书后续所讲述的遥感影像指通过航天摄影所得的遥感影像，航空摄影不在本书范畴之中。

1.2　遥感影像的类型

遥感传感器主要是以被动方式获取影像信息。被动传感器依赖外界的能量来源，通常是太阳，有时是地球本身，可见光、红外、高光谱、微波辐射计都是常用的被动遥感手段（黄昕等，2023）。根据光谱分辨率，传感器可分为全色、多光谱、高光谱和超光谱 4 种类型（Ghassemian，2016）。遥感影像主要是数字影像，主要由空间分辨率决定其影像量测性能及地物细部的再现能力，即遥感影像上能够识别的两个相邻地物的地面最小距离（黄昕等，2023）。过去的遥感影像数据一般以单波段影像（如全色影像）为主，随着卫星遥感技术的发展，多光谱影像逐渐成为主流的遥感影像数据。

一般的传感器会集成可见光和近红外光谱范围内的辐射。因此，波长范围是几百纳米。全色传感器只接收特定的光谱辐射，其光谱分辨率较差，但可以通过其高空间分辨率（即分米量级）来补偿。多光谱传感器在多个波长范围内工作，典型的多光谱传感器在可见光范围内呈现出三个光谱带。多光谱传感器的波长范围比全色传感器窄，预计波长范围约为 50nm。由于系统限制，多光谱传感器的空间分辨率低于全色传感器。当光谱分辨率优于 10nm 时，将该传感器定义为高光谱传感器，其可以呈现数百个光谱带。光谱分辨率达到 1nm 或更小量级的成像传感器被称为超光谱成像传感器(Ghassemian，2016)。通过光学传感器，在可见光和近热红外波长范围内测量与观察表面的反射率、发射率和温度间接相关的入射辐射，最终可以得到一幅光学遥感影像(Landgrebe，2003)。全色影像、多光谱影像、高光谱影像属于光学影像(Wang et al.，2023)。超光谱影像是高光谱影像的延伸，也属于光学影像。热红外影像属于光学影像的一种特殊形式。

1.2.1 全色影像

全色影像是指遥感器获取整个可见光波段区域的黑白影像，如图 1.3 所示(侯昭阳等，2023)。为避免大气散射对影像质量的影响，常将蓝色光滤去。

图 1.3　全色影像

1.2.2 多光谱影像

多光谱影像可以显示出彩色是因为其由若干个不同的单色影像合成得来，如图 1.4 所示(龚循强等，2023)，其中每一个单色影像都对应一个光谱范围，它们单独成像时会呈现出黑白的效果(黄红莲等，2016)。

1.2.3 高光谱影像

高光谱传感器是一类可以在许多很窄的毗邻光谱波段(包括整个可见光、近红外、中红外、热红外的部分光谱)获取图像的仪器(它们可以采用垂直航迹或沿航迹扫描，或采用二维成帧阵列)。这类系统可以采集 100 个或更多波段的数据，如图 1.5 所示(邓书斌等，2014)，因此可以保证为场景中的每个像素提供持续的反射率(对于热红外能量而言就是辐射度)光谱(Lillesand et al.，2015)。高光谱数据波段间具有强相关性，其中最直观的确定方法是光谱响应函数(Spectral Response Function，SRF)，它表示了传感器将哪些波段范围的能量积分到某一多光谱波段上(何江等，2023)。

图 1.4 多光谱影像   图 1.5 高光谱影像

1.2.4 超光谱影像

超光谱遥感的研究也正进行得如火如荼。例如，2002 年 3 月 1 日，作为欧空局（ESA）环境卫星的有效载荷之一，大气环境吸收扫描制图仪（SCIAMACHY）随卫星到达太阳同步轨道。SCIAMACHY 是第一台可用于同时测量紫外-可见-近红外波段（240～2380nm）的星载仪器，其主要目的是通过计算地球后向辐射来确定地球大气中不同微量组分的数量和分布，同时，它也可用于测量太阳光谱辐照度。SCIAMACHY 通过将探测波段细分为 8 个波段，采用 8 块光栅分别应用到各个通道，从而使全通道（240～2380nm）光谱分辨率均小于 1.5nm（李羿轩，2022）。

1.2.5 热红外影像

热红外影像的成像光谱范围在 2～15μm 内的某个波长区间，如图 1.6 所示（邓书斌等，2014）。热扫描仪是一种特殊的垂直航迹多光谱扫描仪，即其探测器只感测光谱的热量部分，其生产的影像不依赖于日光辐射，因而这些系统可以全天候工作（Lillesand et al.，2015）。热红外影像中的色调明暗程度直接取决于地表物体所辐射的功率大小，它主要揭示了地表物体温度的高低状况。对于那些虽然温度高但体积过小，以至于在遥感影像中难以直接识别的物体，热物体的“耀斑”效应使其在热红外影像中得以显现（黄昕等，2023）。此外，热红外影像上地表物体的特征及其相互之间的关系，会随着季节的更迭或昼夜的变化等时间因素而产生较大的差异。例如，土壤和水体在白天和夜晚的热红外影像中展现出的特征就有显著的不同（吴志丰等，2016）。

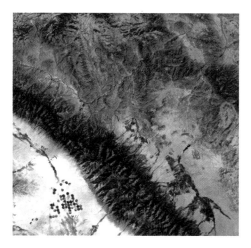

图 1.6　热红外影像

1.2.6　合成孔径雷达影像

　　除了上述影像为光学影像外，雷达信息对于增强感知目标的解释和表达能力也至关重要。这些影像通常通过合成孔径雷达(Synthetic Aperture Radar，SAR)获得，如图 1.7 所示(Li et al.，2022；Wang et al.，2023)。对地观测的雷达成像仪，通常是通过合成孔径雷达技术实现的，以优化空间分辨率，向目标区域发射微波脉冲，并收集后向散射回波。与光学相机不同，合成孔径雷达提供有关粗糙度和土壤湿度的信息，不受太阳光照的影响，对云层几乎不敏感。然而，与光学影像相比，用合成孔径雷达影像进行视觉解译要困难得多。雷达后向散射的作用类似于乘性噪声，由此产生的散斑现象使合成孔径雷达幅度数据的自动分析过程变得复杂(Oliver et al.，2004)。

图 1.7　合成孔径雷达影像

1.2.7　激光雷达影像

光探测和测距（Light Detection and Ranging，LiDAR）影像，又称激光雷达影像，具有强大的抗干扰能力，同时提供有关地面物体的形状、大小和高度的精确信息（Meng et al.，2024）。激光探测是一种主动遥感手段，从卫星、飞机等平台上向地面发射激光脉冲并接收大气及地物反射的回波信号。其中，回波时刻和信号强度代表了反射物与卫星的距离、反射物截面大小和反射率等特征信息，可反演反射物垂直向空间结构，能够有效弥补传统被动光学成像手段在垂直向探测能力的不足，如图 1.8 所示（曹海翊等，2018；Du et al.，2020；Liu et al.，2023）。

图 1.8　激光雷达影像

1.3　遥感影像的应用

人类的信息需求有 80% 与地理空间位置有关，而在全球普遍面临日益严重的资源环境问题的形势下，遥感宏观、动态、精确等特点，在国民经济、社会发展和国防安全中起着越来越重要的作用。地球观测组织（GEO）确定的遥感 9 大应用领域，涵盖了灾害、卫生、能源、气候、水、天气、生态系统、农业、生物多样性等，更是涉及了人类生活的方方面面。随着遥感对地观测及人工智能技术的不断进步，当前的遥感影像已经广泛地应用于资源勘查、环境监测、精准农业和军事侦察等领域（Ma et al.，2023；张良培等，2023）。下面将介绍遥感影像的 3 种典型应用实例。

1.3.1　使用 SAR 影像进行洪水区域提取

洪涝灾害是中国平原地区面临的最具破坏性的自然灾害之一，其年度灾害损失占比超过所有自然灾害总损失的 40%。因此，迅速且精确地预测洪涝灾害，并获取灾害的具体发生地点、影响范围及严重程度等信息显得尤为重要。与依赖自然光照进行成像的光学遥感技术不同，SAR 采用了一种主动式的成像机制，在微波频段内提供辐射源，并接收地表物体的后向散射信号。这种技术能够无视大气条件和天气状况的限制，实现全天候的成像能力，确保了即便在暴雨、云雾覆盖等恶劣天气条件下，也能对洪灾区域进行持续且不间断的观测。基于 SAR 影像的洪水信息提取技术，作为遥感技术在水文学研究与灾害监测领域的一个关键应用，能够为洪水监测与预警系统提供至关重要的数据支撑。洪水提取结果如图 1.9 所示(李聪妍等，2024)。

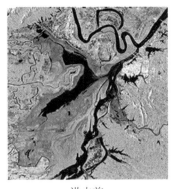 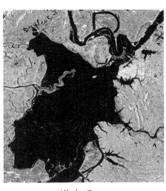 

洪水前　　　　　　　　　洪水后　　　　　　　　　洪水区域

图 1.9　洪水提取示意图

洪水区域提取具体步骤：首先获取洪水发生前后的 SAR 影像数据，以及相关的数字高程模型(DEM)数据、地表分类数据等辅助信息。其次对 SAR 影像数据进行预处理，包括地理校正、斑点滤波以及辐射校正等步骤，以提高影像的质量和可用性。接着对水体进行提取，基于预处理后的 SAR 影像，使用阈值分割法、纹理特征法、机器学习法等图像处理算法对水体进行分类提取。这些算法通过分析 SAR 影像中像素的幅度、相位、极化特性等信息，提取出水体的边界和分布情况。最后对结果进行验证与优化，将提取结果与实地调查数据或其他遥感数据进行对比验证，以评估提取结果的准确性和可靠性。

1.3.2　使用光学影像进行叶绿素 a 浓度反演

叶绿素 a 浓度是衡量水体营养状态的关键水质参数，其含量与藻类生物量紧密相关，对于水体水质监测具有重要意义。当前，叶绿素 a 浓度的监测手段主要分为人工直接监测与遥感间接监测两类。直接监测法涉及实地采集湖泊水样，并在实验室中进行生物化学分析，以精确测定采样点的叶绿素 a 浓度。尽管此法能提供准确的叶绿素 a 浓度评估，但存在耗时费力、成本高昂的局限，且受限于采样点数量，仅能获取湖泊的离散"点"状信息，难以全面反映湖泊水体叶绿素 a 浓度的整体分布格局。相比之下，遥感技术凭借广泛的监测覆盖范围和周期性观测能力，通过分析水体光学特征与叶绿素 a 浓度间的关联，建立精确的叶绿素 a 浓度反演模型，反演结果如图 1.10 所示(郑著彬等，2022)。

水中叶绿素 a 浓度增加时，蓝色波段的反射率会下降，而绿光波段的反射率会增高。当水面叶绿素 a 和浮游生物质量浓度高时，近红外波段仍存在一定反射率。藻类物质在蓝紫光波段(0.420~0.50μm)和 0.675μm 处都有吸收峰，因此在藻类质量浓度较高时，水体反射率曲线在这两个波段会出现谷值。含藻类水体最显著的光谱特征是在 0.70μm 附近

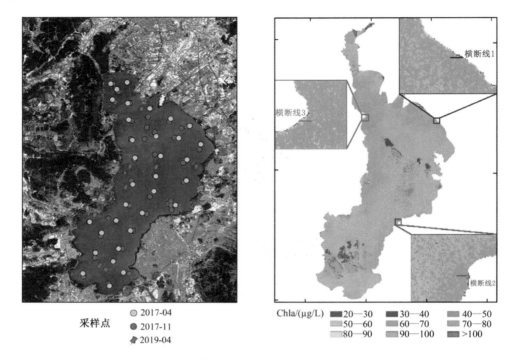

图 1.10　滇池叶绿素 a 浓度反演结果示意图

常出现反射峰，这一特征通常被认为是判定水体是否含有藻类叶绿素 a 的依据。

遥感反演叶绿素 a 浓度的步骤：首先是数据获取与预处理，获取高质量的遥感影像数据，这些数据应包含与叶绿素 a 浓度相关的光谱信息。对遥感影像进行辐射定标、大气校正等预处理工作，以消除传感器误差和大气影响，获取准确的地表反射率或辐射亮度值。其次是特征提取，从预处理后的遥感影像中提取与叶绿素 a 浓度相关的光谱特征，如特定波段或波段组合的反射率值。接着是建立反演模型，基于地面实测的叶绿素 a 浓度数据和遥感影像特征，建立叶绿素 a 浓度反演模型。这可以通过回归分析、机器学习或其他统计方法来实现。在建模过程中，需要选择适当的波段或波段组合作为自变量，以叶绿素 a 浓度为因变量，构建数学模型。最后是反演计算与验证，利用建立的模型对遥感影像进行反演计算，得到水体中叶绿素 a 浓度的空间分布图。通过与地面实测数据进行对比验证，评估反演结果的精度和可靠性，必要时，对模型进行调整和优化以提高反演精度。

1.3.3　使用高光谱影像进行矿物精细识别

高光谱成像技术通过测量太阳辐射在数百个窄的光谱带中的反射率，为每个影像像素构建一个连续的反射率光谱。这种技术能够在不同的尺度上进行，从卫星到近距离，提供大范围的探测能力和高分辨率的细节。高光谱成像的优势在于其能够提供丰富的光谱信息，使得通过将光谱特征与已知的矿物光谱进行匹配，可以实现详细的化学和矿物表征。使用高光谱影像进行矿物精细识别是一种先进的遥感技术，它结合了高光谱成像的高分辨率光谱信息和矿物识别的专业知识，实现了对矿物种类、亚类乃至光谱特征相似度较高的矿物的精细区分。

目前国内外发展的高光谱矿物识别物理方法主要有两大类，分别是以重建光谱与标准光谱相似性度量为基础的光谱匹配方法和以光谱吸收谱带参量为基础的模式识别方法。常用的光谱匹配方法有距离法、光谱角、匹配滤波、光谱信息散度、混合调制匹配滤波等方法。

使用高光谱影像进行矿物精细识别的步骤：首先是数据采集与预处理，利用高光谱相机（如高分五号（GF-5）等）对目标区域进行数据采集。对采集到的数据进行预处理，包括大气校正、辐射校正和几何校正等。其次是数据转换，将预处理后的数据转换成立方图形式。在立方图中，每个像素点都拥有在光谱波段上的反射率或辐射率信息，形成了一个三维的数据结构。接着是光谱特征提取，在立方图中，每个像素点都对应着一个光谱曲线，该曲线反映了该像素在不同波长上的光谱特征。这些特征包括反射率、吸收率、波长位置等，是识别矿物的重要依据。最后是矿物精细识别，收集已知矿物的光谱特征，建立光谱库。这些光谱特征通常包括矿物的反射率光谱、吸收光谱等。将待识别矿物的光谱特征与光谱库中的光谱特征进行匹配。根据匹配结果，确定待识别矿物的种类和亚类。对于光谱特征相似的矿物，进一步分析其特征参量，如光谱吸收指数、光谱特征拟合等，以区分不同的矿物。也可以利用深度学习技术进行矿物识别。通过训练模型，提高矿物识别的准确性和效率。矿物精细识别结果如图1.11所示（董新丰等，2020）。

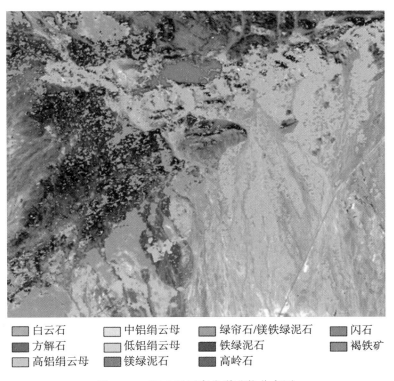

▢ 白云石	▢ 中铝绢云母	▢ 绿帘石/镁铁绿泥石	▢ 闪石
▢ 方解石	▢ 低铝绢云母	▢ 铁绿泥石	▢ 褐铁矿
▢ 高铝绢云母	▢ 镁绿泥石	▢ 高岭石	

图1.11 GF-5卫星高光谱矿物分布图

1.4 遥感影像智能分类研究现状

遥感技术是一种通过传感器探测远距离目标的综合性感测技术。伴随着"数字地球"概念的提出，各行各业对遥感影像的需求日益增加，包括资源调查、自然灾害监测、大气气象预报等(李德仁等，2021；Liu et al.，2022；Wang et al.，2024)。近年来，随着遥感技术的发展，越来越多的高分辨率遥感影像得到应用，提供了比中低分辨率影像更加丰富的光谱、空间和纹理特征(龚健雅等，2021；张良培等，2022)。由于应用场合变化对遥感影像处理提出了不同的需求，因此影像分类在影像处理过程中显得尤为重要(张祖勋等，2022)。

遥感影像分类从不同的角度和领域具有不同的划分方式，主要的划分方式是根据使用像素的层次将遥感影像分类划分为像素级分类、面向对象分类和场景级分类(韩潇冰等，2018)。像素级分类对遥感影像中的每个像元划分一个特定的类别标签，采用逐点分析的方法对遥感影像进行解译(You et al.，2019)。面向对象分类处理的最小单元不再是像元，而是含有更多语义信息的多个相邻像元组成的影像对象，在分类时更多的是利用对象的几何信息和光谱信息，以及影像对象之间的空间信息、纹理信息和拓扑关系等，而不仅仅是单个像元的光谱信息(Guo et al.，2022)。场景级分类的粒度较像素级分类和面向对象分类都要大，是对某一区域的高层语义信息进行识别，从而判断某幅场景影像属于哪种类别(Cheng et al.，2020)。虽然近些年来像素级分类、面向对象分类和场景级分类都得到了一定的发展，但是在遥感技术及其相关应用的牵引下，对遥感影像的分类样本质量要求逐渐提高，由人工进行标注的标签准确率较高，但会耗费大量的时间和资源，效率较低(Gong et al.，2019)，随着遥感影像数据来源多样化和遥感影像实际应用需求的提升，迫切需要提高遥感影像认知的精细化、准确化和综合化水平。因此，发展遥感影像像素—对象—场景智能分类技术，提取和挖掘其深度信息势在必行。

1.4.1 遥感影像像素级分类研究现状

遥感影像像素级分类旨在通过一定技术手段获取像素的类别标签，将影像中的每个像素分配给相应的语义类别。像素级分类对影像中的每一个像素进行深入分析，以确定它属于哪个物体、物体部分或物体类别，从而实现对影像的深度理解。当前像素级分类方法的研究主要分为基于浅层特征的机器学习方法和深度学习方法(黄海新等，2022)。

近年来，相关学者对基于浅层特征的机器学习方法在遥感影像分类中的应用进行了较为深入的研究。Yang 等(2021)在支持向量机(SVM)的并行处理基础之上，提出一种基于样本交叉组合的混合并行支持向量机，并在单机环境下进行了仿真实验分析。依托人工智能技术，凭借主成分分析(PCA)可降低特征维数的优势。Peng 等(2021)首先利用 LBP 算子提取遥感影像特征，然后用 PCA 降低遥感影像的特征维数，消除冗余信息，提取对分类结果贡献较大的特征，最后将 SVM 用于遥感影像分类。对于不同的分类器，使用训练

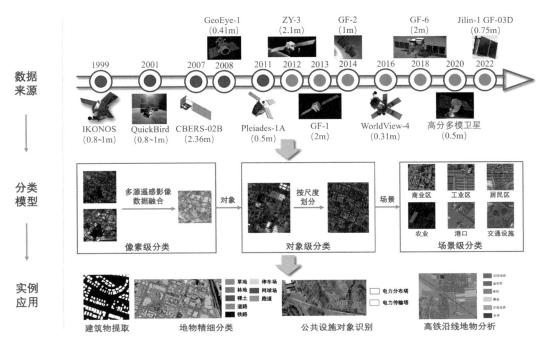

图 1.12 遥感影像像素—对象—场景智能分类框架

数据的方式也有所不同。例如，最大似然分类器使用参数，如均值和协方差矩阵，总结每个类的频谱响应，而多层感知器神经网络通过构建多层神经元结构，学习数据中复杂的特征表示和模式。卷积神经网络(Convolutional Neural Network，CNN)能够提取影像的特征，显著提高影像分类器的准确率。Khalid 等(2022)提出利用两个卷积通道输出的级联作为两个经典卷积模型的特征提取方法。Younis 等(2021)先使用非监督分类，形成对研究区域的总体感知，再通过监督分类确定植物和非植物地面目标，得到 12 种类型，基于误差矩阵和 Kappa 检验估计空间地物的分类精度。Gong 等(2019)提出了一种使用中位数绝对偏差(MAD)优化训练样本的方法，以提升遥感影像监督分类的准确性，有效解决了因不纯训练样本导致的分类精度下降问题。Xu 等(2019)提出一种基于半监督自适应区间二型模糊 C 均值算法(SS-AIT2FCM)的分类方法，该方法适用于光谱混叠严重、覆盖面积大和特征丰富的遥感影像。牟多铎等(2019)将分水岭(Watershed)法与极限学习机(ELM)和支持向量机(SVM)相结合，将其应用于高光谱遥感图像监督分类中的空间特征信息提取，可有效提高遥感影像分类的速度与精度。曹琼等(2019)提出了基于高光谱影像和 LiDAR 数据多级融合的地表覆盖分类方法，采用了同时结合特征级和决策级两个级别的融合方式，基于条件随机场的分类后处理方式，能够在消除分类结果中噪声点的同时，保持细节信息，得到较好的地表覆盖分类结果。Wang 等(2022)提出了一种名为 LoveCS 的跨传感器域自适应框架，有效解决了空间分辨率不一致性和光谱差异带来的挑战，提高了城市土地覆盖分类的精度和泛化能力。Ma 等(2023)提出了一种基于局部一致性和全局多样性的度量方法(LCGDM),以改善非监督领域自适应土地覆盖分类算法,提高了整体映射质量和类别预测准确性。以上相关基于浅层特征机器学习方法的遥感影像分类用于大规模数据计算时,在训练时间上存在明显的局限性。此外,无论是分类器还是特征提取都只是提取浅层次特征,如何提取深层次特征,使其更加抽象和易于分类是机器学习领域的一个热点问题(Jiang, 2021)。

深度学习是一种适合遥感应用的先进影像处理技术,在各种深度学习方法中,基于深度卷积神经网络(DCNN)的方法在卫星影像分类中应用最为广泛(Shakya et al., 2021)。Wan(2020)等提出了一种基于 DCNN 和支持向量机(DCNN-SVM)的多尺度分类方法。为解决随着精确标记样本数量的增加而出现的问题,Kothari 等(2020)提出一种以神经网络为基础的半监督分类模型。Zhang 等(2021)提出一种称为“具有注意力机制的修剪过滤器”(PFAM)的新方案,以压缩和加速传统的 CNN。Sun 等(2022)依据蚁群算法状态转移规则,更新全局最优路径提出基于蚁群优化算法的遥感影像特征空间融合分类新方法,解决了传统遥感影像特征空间融合后分类精度低、应用效果差的问题。Ma 等(2022)提出了一种名为 FactSeg 的前景激活驱动的小目标语义分割框架,解决了高分辨率遥感影像中小目标自动提取的问题,创新性地设计了双分支解码器和协作概率损失,以及小目标挖掘网络优化方法。Liu 等(2023)提出了一种基于噪声标签学习的跨分辨率土地覆盖制图框架,通过解决分辨率不匹配、避免分辨率损失及消除语义错误影响,实现了基于低分辨率噪声标签的高分辨率土地覆盖分类图的精确生成。刘卓涛等(2024)针对遥感影像背景复杂导致的分类结果存在边界模糊、小目标漏检、地物误检等问题,提出一种基于改进 U-Net 的语义分割网络 KU-Net,地物提取结果更为清晰准确,对分类出的地物边缘有较好的保持效果。Shen 等(2024)提出了一种用于少样本语义分割的自适应自支持原型学习网络,通过引入自适应超原型表示和自支持匹配策略,有效解决遥感图像少量样本语义分割问题,提高了分类性能。

因此,分类器的分类精度会因训练信息而异。一个训练集用于某个分类器时可获得高度准确的分类,如果用于另一个分类器,可能会产生相当低的精度(Foody, 1999)。实验为特定应用程序所选择的分类器的性质应为训练数据收集方案的设计提供信息(Giles, 2006)。然而,通常单次实验只提倡一种相对独立统一的训练集设计方法或分类器,所以需要在使用多种分类器的情况下,进行分类实验的比较,突破以往实验的限制,对同一类样本的分类精度进行评估,用以说明所提方法的可靠性。

1.4.2　遥感影像面向对象分类研究现状

面向对象分类是一种新的遥感影像分类技术。相较于像素级分类,面向对象分类针对的不再是单个的像素,而是影像对象。面向对象分类的主要步骤包括影像分割、对象属性计算、对象分类或提取和结果输出四个方面。首先将影像分割成若干个同质对象,作为分类或提取的基本单元,这些影像对象中包含了光谱、结构、大小、形状、纹理和空间关系等特征。然后根据对象特征计算对象的多种属性值,用于后续的分类或提取。接着根据对象的属性值,采用不同的方法对对象进行分类或提取,如监督分类、基于规则的分类、模糊分类等,最后根据专家知识库进行遥感影像分类,将分类或提取的结果输出为影像或矢量数据，进行后续的分析或应用。面向对象分类方法一般可分为人工设计特征的浅层机器学习方法和自动提取特征的深度学习方法(白宇，2019)。

人工设计特征的浅层机器学习方法主要以人工规定的构造特征作为感兴趣区，对其特征进行学习并从影像中提取出所需对象。Kettig 和 Landgrebe 在 1976 年提出的同质性对象提取(Extraction and Classification of Homogeneous Objects)方法，开创了面向对象的新纪元。2000 年由德国 Definiens Imaging 公司开发的 eCognition 是目前遥感影像面向对象分类最常用的软件，其开发和研制大大推动了面向对象分类的应用和发展，其中最具代表性的包括CART 分类器、KNN 分类器和 SVM 分类器。面向对象分类的精度评定常采用随机验证点作为评定参数，这样容易造成评定的分类结果精度不高。在使用 SVM 和 CART 分类器进行分类的基础上，基于规则验证点的面向对象的分类精度评价方法比随机验证点方法得到的分类精度更高(龚循强等，2020)。影像分割是遥感影像面向对象分类的关键，随着高分辨率遥感影像特征信息的不断丰富，影像不仅能提供地物光谱特征，而且提供了大量地物特征的形状、纹理和结构等特征信息(谢志伟等，2024；周秀芳等，2024)，因此，在高分辨率遥感影像特征信息不断丰富的同时，对影像分割技术的要求不断提高。分水岭分割算法是基于地理形态分析的图像分割算法，模仿地理结构来实现对不同物体的分类(Gonzalez et al.，2014)。为了提高影像分割的准确性，针对分水岭分割算法中的过分割问题，陈家新等(2013)提出了一种改进的影像分水岭分割算法，该算法首先在分水岭变换前进行初步分割，主要包括多尺度形态学滤波、多尺度梯度算子计算、自适应标记提取以及分水岭变换，然后在初步分割变换后，通过基于邻接图的区域灰度相似性与边界相似性相结合的合并准则，对分割后的区域进一步合并。均值漂移算法(Roberto，2014)的概念最早是在关于概率梯度函数的估计中提出来的，又称 Mean-Shift 算法，该算法随后逐渐扩展到聚类的应用，其基本思想是沿着密度上升的方向去寻找簇的聚类中心，算法具有自动确定聚类个数、不受异常值干扰等优点。李旗等(2019)利用分水岭算法进行遥感影像分割操作，加入形态学处理函数进行图像处理和标记符的提取，构建了基于分水岭算法的影像分割框架。为了解决提取稀疏地物分类效果较差这一问题，龚循强等(2021)将中值绝对偏差应用于面向对象的 MAD 法，当遥感影像中的可识别地物较为稀疏时，采用面向对象的 MAD 法优化训练样本后比面向对象分类方法提取的地物精度更高，说明面向对象的MAD 法提取稀疏地物的效果更优。

随着深度学习技术的发展，面向对象的地物分类中出现了更多的改进分割算法，Chen 等(2021)提出了一种城市道路矢量化框架，通过道路节点提议网络(NPN)模块和基于节点连接的道路细化模块，实现了高分辨率遥感影像的大规模城市道路矢量化，有效提高了道路连通性。Wei 等(2022)提出了一种基于图卷积网络(GCN)的自动化建筑矢量地图生成方法，设计了一个多边形预测以及正规化模块的自动化建筑矢量地图生成流程，实现了从航拍影像中自动提取建筑轮廓，减少了人为提取的工作量。Chen 等(2023)提出了一种用于全球尺度城市人工设施映射的半监督知识蒸馏框架(GUMONet)，通过引入标签多样性渐进学习模块和可变尺寸知识蒸馏模块，有效解决了知识遗忘问题，提高了半监督面向对象的分类准确性。Guo 等(2024)采用多任务特征交互和跨尺度特征交互模块，通过多任务交互模块分别在建筑和道路上提取信息，同时保持各任务的独特信息，提高了提取精度并减少了推理时间。Chen 等（2024）提出了一种基于知识驱动的深度学习方法（APPEAR），用于高分辨率遥感图像中的飞机精细分类识别，通过显示飞机建模的刚性结构，有效提高了飞机识别的性能，并使用少样本学习方法证明了该框架在不同对象分类任务中的鲁棒性。Zhang 等（2024）提出了一种基于层级变换器（HiT）的建筑映射方法，通过改进模型结构提高了从高分辨率遥感影像中提取建筑多边形的精度，并增强了模型在不同数据集上的泛化能力。为了解决边界定位不准确的问题，BPNet 引入了高频细化模块对模糊边界进行细化，用于从高分辨率卫星遥感图像中提取模糊密集物体（Chen et al.，2024）。实际上，无论采用哪种方法，其实质都是通过改进分割算法或引入其他学科知识来有效分割遥感影像。然而，由于处理尺度方法的多样性和概念本身的复杂性，影像分类与进一步的特征提取研究受到限制，如何处理尺度参数的选择仍然是影像分割中的一个难题。

遥感影像分类方法的选择对结果的影响不同，目前主流的选择是面向对象分类方法。面向对象分类方法集合邻近像元为对象用来识别感兴趣的光谱要素，充分利用高分辨率影像的全色和多光谱数据的空间、纹理和光谱信息来分割和分类的特点，输出高精度的矢量分类结果，具备更好的发展前景。随着传感器技术的不断更新换代，影像数据的空间分辨率会不断提升，如何获取更加完整的影像轮廓以及更加丰富的空间信息成为当前研究的热点之一。

1.4.3　遥感影像场景级分类研究现状

随着航天遥感影像和航空遥感影像分辨率的不断提高，遥感影像中包含的信息也日益丰富。然而，随着遥感影像应用场合的变化，对影像处理的要求也有着不同的变化，为了有效地分析和管理这些遥感影像数据，需要根据遥感影像的内容赋予相应的标签。场景分类可以较好地完成上述任务，该方法通过从大量影像中区分出具有相似场景特征的影像，即把不同的遥感影像按照具体的特征进行分类。场景分类的关键在于剔除无效特征、提取目标特征和表现有效特征（施慧慧等，2021）。通过对影像整体的语义进行分析和理解，并结合影像的上下文信息，实现场景主要内容的精确识别。根据现有的特征表达方式，遥感影像场景级分类方法一般可分为基于语义目标的分类方法、基于中层特征的分类方法和基于深度学习的分类方法（杨秋莲等，2021）。

基于语义目标的场景分类方法通过构建一种"自底向上"的场景分类框架，首先对遥感影像进行语义目标提取，然后对语义目标的空间关系进行建模获得最终的场景表达特征。Zhong 等（2017）提出了一种基于多目标空间上下文关系模型（MOSCRF）的自下而上的场景理解框架，通过结合对象级的共现关系和位置关系，实现对场景的语义和空间理解。Zhang 等（2018）提出了一种新的场景特征——语义与空间共现概率（SSCP），通过考虑对象的方向、距离和语义来测量空间关系，以此对城市场景进行分类，解决了传统视觉特征在城市场景分类中的局限性问题。Lu 等（2018）采用稀疏自动编码器（SAE）提取局部特征，并通过多级融合策略生成更稳健和区分性强的特征表示，用于高分辨率遥感影像下的城市海岸区域土地使用场景分类。Du 等（2020）提出了一种结合遥感影像和开放社交数据的大规模城市功能区域定位方法，整合了遥感影像的物理特征和兴趣点数据的社会属性，实现了高精度和细粒度的城市功能区域划分。

中层特征是在底层特征的基础上进行一系列统计和编码得到的，需要对底层特征的统计信息分别进行分析，并建立与语义之间的联系。相较于底层特征，中层特征能够描述遥感影像的全局特征（赵理君等，2021）。中层特征一般可以归纳为三类：基于结构信息、基于纹理信息和基于光谱信息。尺度不变特征变换是一种常用的基于结构信息的特征表达（Yang and Newsam，2008）。王瑞等（2014）利用尺度不变特征变换分别提取训练样本和待测目标局部特征信息，将特征样本映射到核空间，增强了交通目标特征层的类判别能力。纹理特征是场景内部色调有规律变化的影像结构，是一种全局性特征。灰度共生矩阵是一种常见的纹理特征，通过计算灰度影像中可以代表某些纹理特征的矩阵特征值，从而反映影像灰度关于方向、相邻间隔和变化幅度等的综合信息（史静，2016）。光谱特征主要反映遥感影像的颜色变化，包含遥感影像灰度值、均值和方差等信息。此外，视觉词袋（Bag of Visual Words，BoVW）和 K-Means 聚类是中层特征场景分类的代表方法。

基于语义目标和基于中层特征的遥感影像场景分类方法均依赖于先验知识，这两类方法的泛化能力较差，无法对目标物的深层不变信息进行抽象概况提取。深度学习以"端对端"的模式自适应地学习影像特征，可以自动凝练概括高层次信息，是除了基于人工选择特征分类方法外的常用方法，其中 CNN 是目前深度学习的热门模型。CNN 从 2012 年开始逐渐成为影像分类的主流模型，在其他视觉识别任务（如物体检测、物体定位和语义分割等）中应用的 CNN 架构一般都是由影像分类中的网络架构衍生而来。在这些成功经验的推动下，基于 CNN 的方法在遥感影像地物分类中不断涌现，这些研究都取得了较好的分类结果。Simonyan 等（2015）研究了卷积网络深度对大规模图像识别精度的影响，提出了一种使用小尺寸卷积核的深层网络结构，通过增加网络深度至 16～19 层显著提升了性能，并在 ImageNet Challenge 2014 中取得领先成绩。张能欢等（2020）通过改变 ResNet-18 和 ResNet-50 网络中传统固定感受野的不足，引入自适应感受野的方法，同时加入注意力机制来进一步提高场景影像识别的精度。Li 等（2020）通过结合 CNN 和图神经网络（Graph Neural Network，GNN），建立一种新的 MLRSSC 框架（MLRSSC-CNN-GAN），在 UCM 和 AID 数据集上取得了更高的分类精度。Zhang 等（2021）采用 CaffeNet、VGG-S 和 VGG-F CNN 模型在 UCM 土地利用数据集上的训练参数进行微调，将得到的网络作为特征提取器，提取的全连接层输出特征级联作为图像的最终表达，建立多结构 CNN 特征级联方法，最终将级联后的特征输入 mcODM 分类器中，能有效提高场景级分类中特征的表达，提高分类性能。刘晋等（2021）对 YOLOv4 模型中的特征提取网络进行修改，采用了轻量级 MobileNeXt 并引入了注意力机制模块，有效地降低原 YOLOv4 模型的参数量，同时还保持了较好的检测结果。卢旺等（2020）将雷达高分辨距离像的双谱-谱图特征表示作为 CNN 的输入，通过 CNN 训练后去识别雷达目标。与其他常用特征表示相比，双谱-谱图特征表示的识别准确率更高，噪声鲁棒性更好。Wan 等（2022）提出了 E2SCNet，一种基于深度学习的遥感图像场景分类多目标进化自动搜索框架，以解决在准确度与参数量权衡以及搜索效率上的问题。Ma 等（2022）提出了一种用于遥感图像场景分类的监督逐步增长生成对抗网络（SPG-GAN），通过逐步为生成器和判别器添加模块来生成具有更多空间细节的样本，有效提高分类准确性。Chen 等（2023）提出了一种用于大尺度遥感图像提取的布局注意力网络(LANet)框架，该框架将局部空间感知替换为空间布局感知，针对稀疏背景导致冗余计算的缺点，提出了将稀疏全局布局感知模块作为场景分类器，对大规模密集目标提取具有较高的泛化能力。Liu 等(2023)提出了一种基于类别生成的任务采样策略，优化了细粒度少样本对象识别中的目标分布，有效提高了模型在遥感图像中的识别性能。

遥感影像场景分类是遥感影像目标检测和高层语义理解的基础，而高层语义理解是空间分析的基础。遥感影像场景分类的研究有助于将空间分析技术运用于现实，从而促进经济、社会和国防等重要领域的发展。

第 2 章　三种异常值探测方法

本章首先介绍单变量数据集中三种常见的异常值探测方法（即 Z-score 方法、boxplot 方法和 MAD 方法），再采用模拟数据集（异常值大小不变，数量改变；异常值数量不变，大小改变）和两组真实数据，对这三种方法的异常值探测效果进行实验评估，根据模拟数据和真实数据中探测到的异常值数量来比较三种方法的性能（Gong et al. ，2022）。

2.1　概述

针对训练样本中含有异常值（包括异常样本和异常标签）的问题，已经提出了许多方法来处理。处理异常值的方法分为两类，第一类是分类前的异常值探测，第二类是分类后的异常值探测。第一类处理方法常见的处理策略是设计针对异常值的复杂模型，使得这些模型不会受到异常值的影响（Angelova，2005；Jeatrakul，2010；Abellan and Masegosa，2012；Frenay and Verleysen，2014）。Angelova 等（2005）提出了一种全自动的噪声清理机制，称为"数据修剪"，并通过实验表明，具有抗噪声能力的方法可以通过数据修剪提高泛化性能。Jeatrakul 等（2010）采用基于人工神经网络的数据清理方法处理含有噪声的数据集，并证明了该方法在构建分类模型时可以减少噪声数据的影响。Abellan 等（2012）使用不确定性度量建立决策树，即信用决策树，通过在含有噪声的数据集上进行实验研究，证明了在含有噪声的数据集上信用决策树的 Bagging 方法优于传统的 Bagging 方法。在该方向，集成学习方法集成了几种分类器的优点，其对异常样本具有稳健性。尽管许多基于集成学习框架的研究已经取得了良好的进展，但是现有的大多数方法仅在训练数据被少量异常样本污染时才有效（龚循强等，2020；杜培军和阿里木·赛买提，2013）。

第一类处理方法除了设计针对异常值的复杂模型外，还可以先进行识别和剔除异常训练样本，然后根据提纯的训练样本学习分类器，得到更精确的分类结果（Rousseeuw and Hubert，2011；Chellasamy et al. ，2015）。Brodley 和 Friedl（1999）使用噪声过滤器来探测和剔除用于监督分类的异常训练样本，并将这一用法扩展到其他地物类别。Buschenfeld 和 Ostermann（2012）使用不确定性信息去除异常训练样本，通过迭代运算提纯 SVM 分类的训练数据。然而，这些方法对异常值进行探测时均需要足够的训练数据作为支撑，使得探测和提纯训练样本需要花费大量的时间和繁琐的步骤。

第二类处理方法是针对分类后的异常值探测，许多学者对此做了大量工作（胡静等，2021；任媛媛和汪传建，2021；赵鹏，2020；黄至鸿，2020）。Ruff 等（2018）提出了深度支持向量数据描述（Deep SVDD）方法，首先在特征空间中人为指定一个特征中心，然后求出每个样本到该点的距离之和作为损失函数进行训练。正类样本的训练结果距离特征中心较近，而异常样本的训练结果距离特征中心较远，因此通过距离就能判断待测样本是否属于异常样本。Mei 等（2018）利用自编码器（AutoEncoder，AE）对正类影像进行重构，在测试样本中同类影像重构后的差异小，而异常影像重构后与原正类影像的差异大，根据差异的大小来衡量测试样本的异常程度。上述方法可以有效探测出数据集中的部分异常影像，但是将样本差异转化为点的距离或者重构之后会损失原影像含有的特征，所以该方法在测试简单影像纹理结构时具有较好的效果，而在复杂影像中的异常探测效果并不理想。

2.2　三种异常值探测方法

在本节中，将介绍三种常见的异常值探测方法，分别为 Z-score 方法、boxplot 方法和 MAD 方法。

2.2.1　Z-score 方法

Z-score 也叫标准分数（standard score），能够真实地反映一个观测值与平均数的相对标准距离。如果我们把每一个观测值都转换成 Z-score，那么观测值就会以标准差为单位表示成该观测值到平均数的距离或离差。将成正态分布的数据中的原始观测值转换为 Z-score，我们就可以通过查阅 Z-score 在正态曲线下面积的表格来得知平均数与 Z-score 之间的面积，进而得到原始观测值在数据集合中的百分等级。

Z-score 方法的具体计算过程如下，在计算 Z-score 之前，首先需要计算观测数据的样本平均值和样本标准差。如果 x_1，x_2，$\cdots$，x_n 是一组观测值，我们将用以下方式表示其样本平均值

$$\bar{x} = \frac{1}{n}\sum_{i=1}^{n} x_i \tag{2-1}$$

式中 $\bar{x}$ 是该组数据的平均值。一般情况下，n 个单变量观测值 x_i 是独立的高斯分布。

标准差是一个衡量标准，它概括了数据集中每个值与平均值的差异，有效地表明了数据集中的数值围绕平均值的紧密程度。一个样本的标准差被称为 S，并用以下方法计算

$$S = \sqrt{\frac{\sum_{i=1}^{n} (x_i - \bar{x})^2}{n - 1}} \tag{2-2}$$

式中 $n - 1$ 是自由度的值。样本平均数和标准差计算公式比较简单，Z-score 方法通过使用平均值和标准差来探测异常值。Z-score 计算方法如下

$$Z_i = \left| \frac{x_i - \bar{x}}{S} \right| \tag{2-3}$$

通过 Z-score 方法求得的结果为，当取绝对值之前小于 0 时表示该观测值小于样本平均值；当取绝对值之前大于 0 时表示该观测值大于样本平均值；当取绝对值之前等于 0 时表示该观测值等于样本平均值；当取绝对值之前等于 1 时表示该观测值比样本平均值大 1 个样本标准差的值；当取绝对值之前等于 2 时表示该观测值比样本平均值大 2 个样本标准

差的值；当取绝对值之前等于−1时表示该观测值比样本平均值小1个样本标准差的值；当取绝对值之前等于−2时表示该观测值比样本平均值小2个样本标准差的值。除了上述结果外，Z-score方法计算得到的其他结果依此类推。

如果观测数据中的观测值数量很大且满足标准正态分布的正态随机变量，那么大约有68%的观测值Z-score介于0和1之间，大约有95%的Z-score在0和2之间，大约有99%的Z-score在0到3之间。Z-score方法在探测观测数据中的异常值时，通过Z_i来判断x_i是否为异常值，当Z_i超过2.5时，认为x_i是异常值（Rousseeuw and Hubert，2011）。

2.2.2 boxplot方法

箱形图（boxplot）又被称为盒须图、盒式图或箱线图，因形状如箱子而得名，是一种用作显示观测数据分散情况的统计图（谢志伟等，2018）。boxplot方法在多个领域被经常使用，尤其是在观测数据的异常值探测中，此方法主要用于反映原始数据分布的特征，还可以进行多组数据分布特征的比较。箱形图的绘制步骤是：先找出一组数据的上边缘、下边缘、中位数和两个四分位数；然后，连接两个四分位数画出箱体；再将上边缘和下边缘与箱体相连接，中位数在箱体中间（Ying et al.，2012）。

在箱形图的绘制过程中，该方法首先要确定四分位数范围（IQR），其定义为第三和第一四分位数之间的差异，即

$$IQR = Q_3 - Q_1 \tag{2-4}$$

其中第三四分位数Q_3是指该样本中所有数值由小到大排列后第75%的值，第一四分位数Q_1是指该样本中所有数值由小到大排列后第25%的数值。通过IQR、Q_1和Q_3，可以求出F_1和F_3，其计算方式为

$$F_1 = Q_1 - 1.5IQR, \quad F_3 = Q_3 + 1.5IQR \tag{2-5}$$

在$[F_1, F_3]$区间之外的观测数据通常被标记为异常值。众所周知，如果数据遵循正态分布，那么上述区间将包含99.3%的数据。

观测数据中的异常值会给计算结果带来不良影响。探测异常值并分析其产生的原因是一项重要的研究工作。boxplot方法提供了识别异常值的一个标准：位于区间之外的观测数据视作异常值。经验表明，这种标准有利于处理特殊的观测数据。

众所周知，基于正态分布的3σ法则或Z-score方法是以假定数据服从正态分布为前提的，但实际数据往往并不严格服从正态分布。它们判断异常值的标准是以计算数据集的均值和标准差为基础的，而均值和标准差的鲁棒性极低，异常值本身会对它们产生较大影响，这样产生的异常值个数不会多于总数的0.7%，即在区间之内将包含99.3%的数据。显然，将这种方法应用于非正态分布数据中判断异常值，其有效性是不足的。boxplot方法依靠实际数据，不需要事先假定数据服从特定的分布形式，没有对数据作任何限制性要求，它只是真实直观地表现数据形状的本来面貌。此外，boxplot方法判断异常值的标准以四分位数和四分位数范围为基础，四分位数具有一定的稳健性，多达25%的数据可以变得任意远而不会很大地扰动四分位数，所以异常值不会对这个判断产生影响，boxplot方法对异常值探测的结果比较客观。由此可见，boxplot方法在异常值探测方面有一定的优越性。

通过比较标准正态分布、不同自由度的 t 分布和非对称分布数据的 boxplot 方法可以发现，对于标准正态分布的大样本，只有 0.7% 的值是异常值，中位数位于上下四分位数的中央，boxplot 方法关于中位线对称。选取不同自由度的 t 分布的大样本，代表对称重尾分布，当 t 分布的自由度越小，尾部越重，就有越大的概率观察到异常值。以卡方分布作为非对称分布的例子进行分析，发现当卡方分布的自由度越小，异常值出现于一侧的概率越大，中位数也越偏离上下四分位数的中心位置，分布偏态性越强。异常值集中在较大值一侧，则分布呈现右偏态；异常值集中在较小值一侧，则分布呈现左偏态。

同一数轴上，如果将多组观测数据的 boxplot 并行排列，那么这些观测数据的中位数、上下边缘、异常值和分布区间等形状信息便一目了然。在某一组观测数据中，哪几个数据点出类拔萃，哪些数据点表现低于平均水平，这些数据点放在同类其他组中处于什么位置，可以通过比较各 boxplot 的异常值看出。各组观测数据的四分位数范围大小，正常值的分布是集中还是分散，观察各方盒和线段的长短便可得知。每组观测数据分布的偏态如何，分析中位线和异常值的位置也可通过估计得出。还有一些 boxplot 的变种使各组观测数据之间的比较更加直观明了，例如有一种可变宽度的 boxplot，使箱体宽度正比于该组观测数据的数量的平方根，从而使数量大的观测数据有面积大的箱体。由上述分析可知，boxplot 方法不论是在单组观测数据中的异常值探测还是在多组观测数据的比较中都有快速高效的特点，在数据分析中的作用显著（Xie et al.，2020）。

2.2.3　MAD 方法

中位数（median）又称中值，是按顺序排列的一组数据中居于中间位置的数，代表一个样本、种群或概率分布中的一个数值，其可将数值集合划分为相等的上下两部分。如果 $\{x_1, x_2, \cdots, x_n\}$ 是一组观测值，我们将用以下方式表示其样本中位数

$$\operatorname*{median}_{i=1, 2, \cdots, n} (x_i) \tag{2-6}$$

当 n 是奇数时，样本中位数取排序为中间的观测值。当 n 为偶数时，样本中位数是取排序为 $\left(\dfrac{n}{2}\right)$ 和 $\left(\dfrac{n}{2} + 1\right)$ 观测值的平均值。$\left(\dfrac{n}{2}\right)$ 和 $\left(\dfrac{n}{2} + 1\right)$ 是对样本数据中心趋势的测量，对异常值的存在不敏感。

中位绝对偏差方法（MAD）是由 Hampel（1974）首次提出的。它的临界值为 50% 左右，其影响函数是有界的。MAD 的定义如下（Huber et al.，2011；Gong et al.，2019）

$$\mathrm{MAD} = b \operatorname*{median}_{i=1, 2, \cdots, n} \left| x_i - \operatorname{median}_{j=1, 2, \cdots, n}(x_j) \right| \tag{2-7}$$

式中，b 是一个常数（通常 $b = 1.4826$）。计算样本中位数后即可计算出 MAD 值。

通过观测数据可以求出相应的 MAD 值，如何使用 MAD 探测异常值成为研究热点。为了对观测数据中的异常值进行探测，需要计算每个观测值 x_i 的判定系数 C，表达式为

$$C = \frac{\left| x_i - \operatorname*{median}_{j=1, 2, \cdots, n} (x_j) \right|}{\mathrm{MAD}} > 2.5 \tag{2-8}$$

当 C 值大于给定的阈值时，则认定 x_i 为异常数据。根据大量的科学实验和工程实践结果，选择阈值为 2.5 较为合理（Hsu et al.，2011）。相关学者的大量研究证明，对于 M 估

计量的计算而言，具有稳健的初始值非常重要，而从平均值和标准差开始是行不通的，因此通常选择中位数和 MAD 作为计算稳健估计量的初始值。事实证明，MAD 的高稳健性使其成为比四分位数范围更好的辅助尺度估计量，在回归问题中也是如此。

2.3 实验设计

在本节中，将介绍三种异常值探测方法所使用的数据，一共分为两组模拟数据和两组真实数据。

2.3.1 模拟数据的实验设计

在模拟实验中，每个实验使用 100 组模拟的单变量观测数据，真实值为 10。首先将生成的随机误差添加到观测数据中，这些随机误差符合正态分布 $N(0, \sigma^2 I)$，其中 $\sigma = 0.1$，I 是单位矩阵。带有随机误差的模拟单变量观测数据如图 2-1 所示。

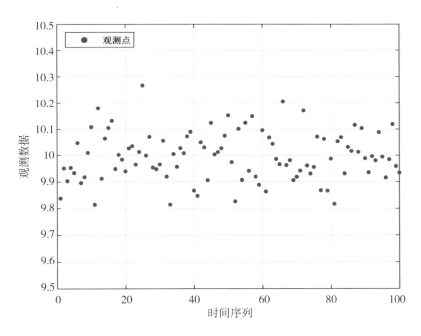

图 2-1　带有随机误差的模拟单变量观测数据

本章将采用两组实验来比较这三种方法探测异常值的能力。在第一组实验中，异常值的大小不变，但异常值的数量从 0 到 50 系统地改变。在第二组实验中，异常值的大小从 3σ 到 13σ 系统地改变，异常值的数量不变。为确保每个实验中探测到的异常值的可靠性，将 1000 次重复模拟的平均值作为最终值。需要注意的是，在第一组实验中，不同大小的异常值得到的结果非常一致，因此本章分别介绍了异常值大小为 8σ 的结果（3σ 到 13σ 的中位数）。在第二组实验中，由于类似的原因，异常值的数量为 25（即 25%）的结果被表示出来。

2.3.2　真实数据的实验设计

在第一个真实数据的实验中，数据来源于 Nkechinyere 等人。表 2-1 中列出的数据是尼日利亚的通货膨胀率(Nkechinyere et al., 2015)。这是从尼日利亚中央银行的年度统计公报中获得的，从 1981 年到 2013 年一共 33 年。

表 2-1　尼日利亚的通货膨胀率

年份	通货膨胀率/%	年份	通货膨胀率/%
1981	20.9	1998	10.0
1982	7.7	1999	6.6
1983	23.2	2000	6.9
1984	39.6	2001	18.9
1985	5.5	2002	12.9
1986	5.4	2003	14.0
1987	10.2	2004	15.0
1988	38.3	2005	17.9
1989	40.9	2006	8.5
1990	7.5	2007	5.4
1991	13.0	2008	15.1
1992	44.5	2009	13.9
1993	57.2	2010	11.8
1994	57.0	2011	10.3
1995	72.8	2012	12.0
1996	29.3	2013	8.0
1997	8.5		

在第二个真实数据的实验中，采用了 Rousseeuw 和 Hubert 的数据。表 2-2 包含了 5 个观测值的数据。根据这 5 个观测值数据对三种异常值探测方法的性能进行了评估。

表 2-2　Rousseeuw 和 Hubert 的观测值

观测编号	1	2	3	4	5
观测值	6.27	6.34	6.25	63.1	6.28

2.4 模拟数据的实验结果和分析

2.4.1 模拟数据中异常值数量变化的实验结果与分析

通过使用 Z-score、boxplot 和 MAD 方法探测到的异常值的数量记录在表 2-3 中，并绘制在图 2-2 中。异常值的数量从 0 到 50 不等。很明显当异常值为 0 时，这三种方法探测到的异常值近似为 0（即它们的真实值），但结果比真实值略大。这是因为一些模拟的与整体差距较大的点被当作异常值处理。当异常值的数量从 0 增加到 10 时，使用三种方法探测到的异常值的数量均以相同趋势线性增加。这表明这三种方法在探测异常值方面都有良好的性能。当异常值的数量在 10 到 35 之间时，boxplot 方法和 MAD 方法的值分别增加到 34.212 和 34.967。然而，用 Z-score 方法探测到的异常值从 8.733 下降到 0.002。这表明，当异常值的数量在 10 到 35 之间时，Z-score 方法不能正确地探测出异常值。此外，当异常值的数量在 35 到 45 之间时，MAD 方法在单变量数据集中探测异常值的能力要比其他两种方法高很多。当异常值的数量从 0 增加到 45 时，使用 MAD 方法探测到的异常值数量从 1.553 增加到 40.166，但使用 Z-score 和 boxplot 方法探测到的异常值数量并没有随着异常值数量的增加而持续增加。

表 2-3 模拟实验中探测到不同数量异常值的数量

异常值的数量	Z-score	boxplot	MAD
0	1.108	0.879	1.553
5	4.990	5.548	5.969
10	8.733	10.295	10.567
15	6.203	15.135	15.289
20	1.775	20.065	20.133
25	0.279	25.012	25.057
30	0.034	29.944	30.019
35	0.002	34.212	34.967
40	0.000	33.010	39.624
45	0.000	16.186	40.166
50	0.000	0.000	0.001

结果表明：①探测异常值的 Z-score 方法是基于正态分布的特征，使用平均值和标准差作为衡量标准，对异常值的存在非常敏感（Rousseeuw，2011）。因此，当观测值包含大于 10% 的异常值时，Z-score 方法的性能非常差；②boxplot 方法在计算识别异常值的措施时不使用极端的潜在异常值，因此不会受少数极端值影响。但是当观测值包含大于 45%

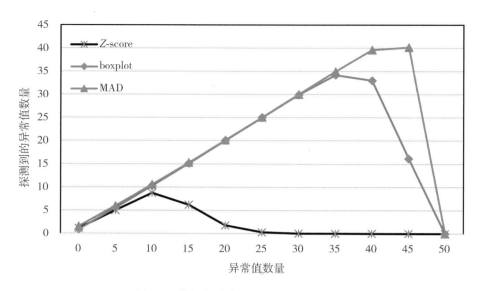

图 2-2 模拟实验中探测到的异常值数量

的异常值时，boxplot 方法仍然不适合；③中位数是中心趋势的衡量标准，对异常值的存在不敏感，所以当观测值包含异常值时，MAD 方法是探测异常值的有效方法。需要注意的是，当异常值的数量达到 50（即 50%）时，使用 MAD 方法很难探测出异常值，因为其临界值约为 50%（Leys et al.，2013）。

2.4.2 模拟数据中异常值大小变化的实验结果与分析

表 2-4 列出了三种方法在不同异常值大小的情况下探测到的异常值数量，异常值的大小范围从 3σ 到 13σ，相应的结果显示在图 2-3 中。很明显，使用 Z-score 方法探测到的异常值下降缓慢，即从 1.523 下降到 0.031；boxplot 和 MAD 方法的值呈对数增长趋势，从 3σ 增加到 7σ 时，探测到的异常值数量持续增加；从 7σ 增加到 13σ 时，boxplot 方法和 MAD 方法的异常值数量远远大于 Z-score 方法，而 MAD 方法的异常值数量略大于 boxplot 方法。这些结果证实了这样一个事实：当异常值的数量超过 10 个（即 10%）时，Z-score 方法是无效的。相比之下，当异常值小于 7σ 时，MAD 方法可以探测到更多的异常值。应该注意的是，随着异常值大小的增加（3σ 到 7σ），MAD 方法和 boxplot 方法探测到的异常值数量的差异会慢慢减少。这表明，当异常值的大小较小时，boxplot 方法不能有效地探测出异常值。从另一个角度看，结果表明 MAD 方法比 boxplot 方法有更好的性能，而且随着异常值的减小，优势越来越明显。当异常值小于 7σ 时，boxplot 和 MAD 方法探测出的异常值都小于其真实值（即 25）。这是因为少数生成的异常值被当作大的随机误差来处理。很明显，当异常值大于 7σ 时，这两种方法能够得到一个接近其真实值（即 25）的数量。

表 2-4   模拟实验中探测到不同大小异常值的数量

异常值的大小	Z-score	boxplot	MAD
3σ	1.523	5.547	7.891
4σ	1.257	13.221	16.080
5σ	0.942	20.922	22.634
6σ	0.646	24.241	24.733
7σ	0.431	24.945	25.039
8σ	0.290	25.027	25.066
9σ	0.208	25.026	25.063
10σ	0.111	25.027	25.061
11σ	0.083	25.033	25.068
12σ	0.059	25.030	25.073
13σ	0.031	25.027	25.062

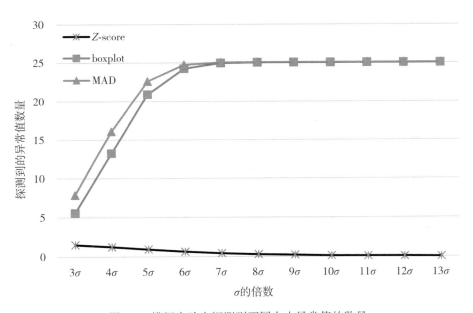

图 2-3   模拟实验中探测到不同大小异常值的数量

2.5   真实数据的实验结果和分析

2.5.1   第一组真实数据的实验结果和分析

根据表 2-1 中的数据，使用 Z-score 方法可以直接从式(2-1)~式(2-3)中得到观测值的 Z-score。而采用 MAD 方法的判定系数也可以从式(2-6)~式(2-8)中计算出来。其结果如

表 2-5 所示。由表可知，1995 年的 Z-score 值为 3.011，大于 2.5，意味着 1995 年对应的通货膨胀率 72.8% 被认为是一个异常值。然而，用 MAD 方法计算的判定系数值中有 7 个都大于 2.5，分别为 3.262、3.103、3.422、3.863、5.420、5.396 和 7.334，表明对应于 1984 年、1988 年、1989 年、1992 年、1993 年、1994 年和 1995 年的通货膨胀率 39.6%、38.3%、40.9%、44.5%、57.2%、57.0% 和 72.8% 为异常值。同时，通过 boxplot 方法得出的区间是 [−18.750%, 53.250%]，根据式（2-4）和式（2-5），这意味着 1993 年、1994 年和 1995 年对应的通货膨胀率 57.2%、57.0% 和 72.8% 可能是数据中的异常值。上述结果表明，Z-score 方法和 boxplot 方法只能分别识别 1 个和 3 个异常值。但使用 MAD 方法可以发现 7 个异常值（即 1984 年、1988 年、1989 年、1992 年、1993 年、1994 年和 1995 年的通货膨胀率）。因此，MAD 方法在探测异常值方面有更好的性能。

表 2-5　第一组真实数据实验中得到的 Z-score 和 MAD 方法得出的判定系数

年份	通货膨胀率/%	Z-score	判定系数	年份	通货膨胀率/%	Z-score	判定系数
1981	20.9	0.036	0.969	1998	10.0	0.588	0.368
1982	7.7	0.720	0.650	1999	6.6	0.783	0.785
1983	23.2	0.168	1.251	2000	6.9	0.766	0.748
1984	39.6	1.108	3.262	2001	18.9	0.078	0.724
1985	5.5	0.846	0.920	2002	12.9	0.422	0.012
1986	5.4	0.852	0.932	2003	14.0	0.359	0.123
1987	10.2	0.577	0.343	2004	15.0	0.302	0.245
1988	38.3	1.034	3.103	2005	17.9	0.135	0.601
1989	40.9	1.183	3.422	2006	8.5	0.674	0.552
1990	7.5	0.731	0.675	2007	5.4	0.852	0.932
1991	13.0	0.416	0.000	2008	15.1	0.296	0.258
1992	44.5	1.389	3.863	2009	13.9	0.365	0.110
1993	57.2	2.117	5.420	2010	11.8	0.485	0.147
1994	57.0	2.105	5.396	2011	10.3	0.571	0.331
1995	72.8	3.011	7.334	2012	12.0	0.474	0.123
1996	29.3	0.518	1.999	2013	8.0	0.701	0.613
1997	8.5	0.674	0.552				

2.5.2 第二组真实数据的实验结果和分析

第二组真实数据的计算与第一组真实数据的计算类似。表 2-6 中列出了用 Z-score 方法计算的 Z-score 和用 MAD 方法计算的判定系数。从表的结果中可以发现，所有使用 Z-score 方法得到的观测值都小于 2.5，这意味着观测值不包含异常值。结果表明，对于小数据集来说，Z-score 方法的异常值探测效果是相当有限的，因此这种方法不适合探测小数据集中的异常值。如表 2-6 所示，使用 MAD 方法时，第 4 个观测值的判定系数大于 2.5，这表明它是一个异常值。从式 (2-4) 和式 (2-5) 中得到 boxplot 方法的区间为 $[-36.430, 77.410]$，所有的观测值都在区间内，意味着观测值不包含异常值。从上面的分析中我们可以发现，只有 MAD 方法可以识别出明显的异常值。因此，当小数据集的观测值包含异常值时，MAD 方法是探测异常值的更优选择。

表 2-6 第二组真实数据实验中得到的 Z-score 和 MAD 方法得出的判定系数

观测编号	1	2	3	4	5
观测值	6.27	6.34	6.25	63.1	6.28
Z-score	0.448	0.445	0.449	1.789	0.447
判定系数	0.225	1.349	0.674	1277.485	0.000

2.6 本章小结

异常值被认为是一种离群的观测值，它的存在可能导致计算结果错误，因此有必要对数据集中的异常值进行探测。为了评估 Z-score 方法、boxplot 方法和 MAD 方法探测异常值的性能，本章采用了两组模拟数据和两组真实数据，对这三种方法得到的探测结果进行比较分析。在模拟数据的实验中，本章设计了不同数量和不同大小的异常值，并讨论了这些异常值的影响，结果表明，MAD 方法比 Z-score 和 boxplot 方法有更好的性能。在真实数据的实验中，MAD 方法探测到的异常值数量远远多于 Z-score 和 boxplot 方法。综合模拟数据和真实数据的实验结果表明，与 Z-score 和 boxplot 方法相比，MAD 方法探测异常值的性能更优，有利于获得更纯净的观测结果。

第3章　遥感影像像素级分类

本章首先介绍非监督分类的 *K*-Means 和 ISODATA 方法，接着介绍监督分类的概念、流程、精度评价指标和五种监督分类方法，分别为最小距离分类、最大似然分类、神经网络分类、支持向量机分类和马氏距离分类。最后利用上述两种非监督分类方法和五种监督分类方法对遥感影像进行分类，并对得到的分类结果图、总体分类精度和 Kappa 系数进行比较和分析。

3.1　概述

通常遥感影像的分类方法可分为非监督分类和监督分类。非监督分类方法是在没有先验类别作为样本的条件下，即事先不知道类别特征，主要根据像元间相似度的大小进行归类合并的方法。非监督分类，又称"聚类分析"或者"点群分析"，是一种在多光谱影像中搜寻、定义其自然相似光谱集群的过程（赵春霞等，2004；吴非权等，2005）。它不必对影像地物获取先验知识，仅依靠影像上不同地物光谱信息进行特征提取，再统计特征的差别来达到分类的目的，最后对已分出的各个类别的实际属性进行确认（杨鑫，2008；韩洁等，2017），目前比较常见也较成熟的是 ISODATA 方法和 *K*-Means 方法。非监督分类不需要像监督分类预先对研究区域进行样本训练，降低了研究人员因样本分类差错导致的分类错误的概率，但是仍然需要经验丰富的研究人员对分类集群进行解译。非监督分类只需要设定初始参数（迭代次数、误差阈值等）即可自动进行分类，而且可以识别影像中特殊的、小覆盖类别。由于分类之前没有进行过训练，其分类结果需要大量的分析，结果中的类别可能并非研究人员所需要的类别，研究人员需要对结果进行类别匹配，而且分类集群会因光谱特征的变化（时间、地形变化）无法连续。

监督分类方法首先需要从研究区域中选取有代表性的训练样本，接着通过选择特征参数（如像素亮度均值、方差等），建立判别函数，最后据此对样本像元进行分类，依据样本类别的特征来识别非样本像元的归属类别（梅安新等，2001）。监督分类的关键是训练样本的选择，其选择的质量关系到分类能否取得良好的效果。目前比较常见的监督分类方法有最小距离分类、最大似然分类、神经网络分类、支持向量机分类和马氏距离分类等方法。监督分类方法利用计算机自动分类，计算效率远高于目视解译方法，适用于大范围的研究区域，是目前遥感影像信息提取普及率较高的方法之一。监督分类可以根据研究区域和研究目的，充分利用该地区的先验经验，来决定分类类别，避免不必要的分类，可以通过对训练样本的控制与检查判断样本数据是否被精准分类，避免重大错误。由于监督分类中训练样本的选择人为因素较强，研究人员定义的分类类别可能并非影像中存在的类别，或者影像中某些类别没有被定义均会导致监督分类方法无法识别。

3.2 非监督分类

非监督分类不同于监督分类的地方在于，非监督分类不需要"先验知识"，即不需要训练样本的参与。非监督分类只依靠遥感影像本身的地物光谱特征进行分类，被分出来的类别不再是地物类别，而是光谱类别，在分出光谱类别后，需要通过类别定义和合并子类的过程，形成地物类别。

3.2.1 *K*-Means 方法

K-Means 方法以距离相似度为衡量标准，根据不同数据之间的相似程度把数据集合归类成拥有相同特征的类簇，相似程度高的数据划分成一个簇，不同簇内的数据之间相似程度低。假设数据之间的欧氏距离为 $d(x_i, c_j)$，用来计算数据集中每个数据 x_i 到聚类中心点 c_j 的距离，如式(3-1)所示：

$$d(x_i, c_j) = \sqrt{(x_i - c_j)^2} \tag{3-1}$$

式中，$x_i(i = 1, 2, \cdots, n)$ 表示属于簇 j 中的数据对象；聚类中心点 $c_j(j = 1, 2, \cdots, k)$ 代表数据集合中的簇，即簇 j 中数据的平均值，计算如式(3-2)所示：

$$c_j = \frac{1}{n} \sum_{i=1}^{n} x_i \tag{3-2}$$

K-Means 算法通过对准则函数进行最小化的优化求解来实现聚类。将距离平方和 J 作为准则函数，即生成的簇内各数据对象与簇中心距离的平方和越小，表示簇内越紧凑，从而得到越好的簇类结果，如式(3-3)所示：

$$J = \sum_{j=1}^{k} \sum_{i=1}^{n} (x_i - c_j)^2 \tag{3-3}$$

K-Means 算法以其原理简单、易于实现及运行效率高的优点被广泛应用。然而，该算法仍存在若干不足之处。首先，初始聚类中心的随机选择可能导致聚类结果的不稳定性，进而影响后续结果的准确性。其次，算法的迭代次数不固定，增加了收敛过程中的不确定性。这些问题可能对实际应用的精度和可靠性产生负面影响。

3.2.2 ISODATA 方法

自组织迭代聚类方法(ISODATA)是在 *K*-Means 方法的基础上作出适应性改进所形成的方法，同时也集成了层次聚类的思想，引入分裂和合并两种操作。ISODATA 方法作为一种有中心性质的聚类方法，具备自动确定聚类数量的能力，这也是相对于 *K*-Means 的一个优势。其在使用时需要人为设定 5 个参数，分别是期望聚类数量、类内最少点数量、最大迭代次数、限制类内数据分布程度的标准差上限和容许的类间最近距离。该方法的核心步骤包括两种：合并和分裂。总体来看，ISODATA 方法是在每个迭代轮次内依次执行中心调整和不合规类别删除，最后分别判断每个类别是否满足分裂条件，以及寻找可以合并的两个类别。具体步骤如下：

（1）输入 N 个样本，预选 N_C 个点作为初始聚类中心，并将这 N 个样本点分给最近的聚类 S_i，公式如下：

$$D_i = \min\{|X - Z_i|, \ i = 1, 2, \cdots, N_C\} \tag{3-4}$$

即 $|X - Z_i|$ 距离最小，则 $X \in S_i$，如果 S_i 中的样本数小于初始设定的聚类中最少样本数，则 N_C 减去 1。

（2）修改聚类中心，计算各聚类 S_i 中样本与其聚类中心之间的平均距离，公式如下：

$$Z_i = \frac{1}{N_i} \sum_{X \in S_i}^{n} X, \quad i = 1, 2, \cdots, N_C \tag{3-5}$$

计算全部样本对应其聚类中心 Z_i 之间总的平均值，公式如下：

$$D_i = \frac{1}{N} \sum_{X \in S_i}^{n} |X - Z_i|, \quad i = 1, 2, \cdots, N_C \tag{3-6}$$

（3）进行分裂，合并以及迭代的判别，若迭代次数已达初始设定次数，则设置聚类中心的最小距离 θ_c 为 0，跳转到步骤（5），运算结束。若 $N_C \leqslant \dfrac{K}{2}$，即聚类中心的数目小于或等于初始设定的聚类数 K 的一半，则跳转到步骤（4）进行分裂处理。若迭代次数为偶数，或 $N_C \geqslant 2K$，则跳转到步骤（5）进行合并处理，否则跳转到步骤（4）进行分裂处理。

（4）计算每个聚类中样本距离的标准差向量，并求出其标准差向量中的最大向量，以 $\sigma_{\max}$ 表示。若 $\sigma_{\max} \geqslant \theta_S$（$\theta_S$ 为聚类样本中的最大标准偏差）且 S_i 中的样本数大于 $2\theta_N$，并且 $N_C < \dfrac{K}{2}$，则将 Z_i 分裂成两个聚类中心 Z_i^+ 和 Z_i^-，N_C 加 1。完成分裂后，跳转到步骤（1）。

（5）计算全部聚类中两两聚类中心的距离

$$D_{ij} = |Z_i - Z_j|, \ i = 1, 2, \cdots, N_C - 1, \ j = i + 1, \cdots, N_C \tag{3-7}$$

若此次为最后一次迭代，则算法结束，否则迭代次数加 1，跳转到步骤（1）。

3.3　监督分类

3.3.1　概念及步骤

监督分类（史泽鹏等，2012），又称训练分类法，是用被确认类别的样本像元去识别其他未知类别像元的过程。首先，在分类之前通过目视判读和野外调查，对遥感影像上某些样区中影像地物的类别属性有了先验知识，以此对每一种类别选取一定数量的训练样本。接着计算机计算每种训练样本区域的统计或其他信息，同时用这些类别对判别函数进行训练。然后用训练好的判别函数去对其他待分数据进行分类（李石华等，2005；Gong et al.，2019）。最后使每个像元和训练样本作比较，按不同的规则将其划分到和其最相似的样本类，以此完成对整个影像的分类（查勇等，2003；Ma et al.，2023）。

遥感影像的监督分类一般包括以下几个步骤，如图 3-1 所示。

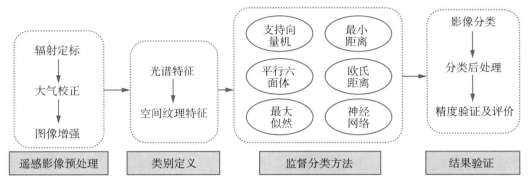

图 3-1　监督分类基本步骤

3.3.2　精度验证

精度验证是对分类结果进行评价，进而确定分类的精度和可靠性的一个步骤，主要方法分为混淆矩阵和 ROC 曲线，混淆矩阵是一种更为常用的度量遥感制图精度的评价手段。因此，本节分别生成了五种分类结果数据和参考数据的混淆矩阵，进而得到总体分类精度和 Kappa 系数。下面简单介绍这两种分类精度评价指标：

1）总体分类精度

总体分类精度是指被正确分类的样本总数除以总样本数。被正确分类的样本沿着混淆矩阵的对角线分布，它显示出被分类到正确的地表真实分类中的样本数。像元总数等于所有地表真实分类中的样本总和。该指标表示对每一个随机样本，所分类的结果与地面对应实际类型相一致的概率。总体分类精度计算公式如下：

$$P_o = \frac{\sum_{i=1}^{C} a_i}{N}, \quad i \in 1, 2, \cdots, C \qquad (3\text{-}8)$$

式中，N 代表总样本个数，C 是类别总数，a_i 是每个类别被正确分类的样本数。

2）Kappa 系数

Kappa 系数是指一种对遥感影像的分类精度和误差矩阵进行评价的多元离散方法。总体分类精度只考虑了对角线方向上被正确分类的像元数，而 Kappa 系数则同时考虑了对角线以外的各种漏分和错分像元。Kappa 系数计算公式如下：

$$\begin{cases} K = \dfrac{P_o - P_e}{1 - P_e} \\[2mm] P_e = \dfrac{\sum_{i=1}^{C} a_i b_i}{N^2} \end{cases} \qquad (3\text{-}9)$$

式中，每一类的真实样本个数分别为 a_1，a_2，$\cdots$，a_C，预测出来的每一类的样本个数分别为 b_1，b_2，$\cdots$，b_C，总样本个数为 N。

3.4 监督分类方法

执行监督分类是根据分类的复杂度、精度需求等选择分类方法。常用的监督分类方法有最小距离方法、最大似然方法、神经网络方法、支持向量机方法、马氏距离方法等五种。

3.4.1 最小距离方法

最小距离方法作为遥感影像监督分类中最基本的分类方法之一，它是通过求出未知像元到事先已知的各类别(如裸地、植被、建筑、水体)中心向量的距离，然后将待分类的每个像元归结为这些距离中最小的那一类的分类方法(赵春霞等，2004)。

最小距离方法事先计算每个像素的平均向量，并计算从每个未知像素到每个类的平均向量的欧氏距离。下面介绍一下最小距离方法的步骤：

(1)确定类别 m，并提取每一类所对应的已知的样本。

(2)从样本中提取出一些可以作为区分不同类别的特性，也就是我们通常所说的特征提取，如果提取出了 n 个不同的特性，那么我们就叫它 n 维空间，特征提取对分类的精度有重大的影响。

(3)分别计算每一个类别的样本所对应的特征，每一类的每一维都有特征集合，通过集合，可以计算出一个均值，也就是特征中心。

(4)通常为了消除不同特征因为量纲不同的影响，我们对每一维的特征，需要做一个归一化，或者是放缩到(-1，1)等区间，使其去量纲化。

(5)利用选取的距离准则，对待分类的样本进行判定。

最小距离方法是以待分像元到训练样本均值矢量的欧氏距离作为分类的尺度(张明等，2019)。通过计算整幅影像中所有待分像元到各类中心的欧氏距离，其与哪一类别的欧氏距离最小就归入哪一类。距离判别函数为：

$$D = \sqrt{\sum_{j=1}^{n} (X_j - M_{ij})^2 / S_{ij}^2} \tag{3-10}$$

即把像元 X 归入第 i 类，M_{ij}、S_{ij} 为第 i 类第 j 波段的均值和标准差，X_j 为像元 X 在 j 波段的灰度值。

最小距离分类器的优缺点：最小距离分类法原理简单，容易理解，计算速度快，但是因为其只考虑每一类样本的均值，而不用管类别内部的方差(每一类样本的分布)，也不用考虑类别之间的协方差(类别和类别之间的相关关系)，所以分类精度不高。

3.4.2 最大似然方法

最大似然方法又叫贝叶斯分类方法，是一种应用十分广泛的监督分类方法。最大似然方法是根据选取样本影像的波段数据，用其作为多维正态分布来构造实际的分类函数，先对选取的样本进行统计和计算，得到每种地物分类的相关参数，如均值、方差和协方差等，由此可以确定分类函数，然后将实际需要分类的研究区影像中的像元计算代入已经确定好的分类函数中，根据贝叶斯公式计算在每个分类中的概率，最终实现分类的结果。假设分类影像有 n 个波段，研究区分为 G 类，则第 i 类用地类型对应的正态分布密度函数表达式为：

$$P(x/G_i) = \frac{1}{(2\pi)^{\frac{n}{2}} |S_i|^{\frac{1}{2}}} \exp\left[-\frac{1}{2}(x-\mu_i)^{\mathrm{T}} S_i^{-1}(x-\mu_i) \right] \tag{3-11}$$

式中，x 为像元的特征向量，μ_i 是第 i 类的均值向量，S_i 为第 i 类 n 个特征向量之间的协方差矩阵，S_i^{-1} 是 S_i 的逆矩阵，$|S_i|$ 是矩阵 S_i 的行列式。

根据 Bayes 公式，待分像元归属于第 k 类的归属概率为：

$$P(G/x) = \frac{P(G_i) P(x/G_i)}{P(x)} \tag{3-12}$$

将式(3-11)代入式(3-12)，并经对数变换后可得判别函数如下：

$$P(G_i/x) = -\frac{1}{2}\ln|S_i| - \frac{1}{2}(x-\mu_i)^{\mathrm{T}} S_i^{-1}(x-\mu_i) \tag{3-13}$$

最大似然方法用于高光谱分类主要存在两个问题：一是最大似然法分类时间与数据维数的二次方成正比，而高光谱维数达到了几十甚至几百，须先进行降维处理(王旭红等，2006)；二是最大似然法需要足够的训练样本以保证分类精度，训练样本数须高于高光谱维数的 10 倍。针对上述问题，国内外学者各提出了改进算法，主要有快速似然分类算法和分块似然分类算法等(Jia et al., 1999)，有效提高了分类速度和分类精度(黄立贤等，2011)。

3.4.3　神经网络方法

神经网络分类从网络结构的角度，可分为前馈型神经网络和反馈型神经网络。神经网络技术使用标准的反向传播进行监督学习。在影像像元分类前选择要使用的隐藏层数，也可以在逻辑激活函数或双曲激活函数之间进行选择。通过调整节点中的权重来学习，以最小化输出节点激活和输出之间的差异。分类后的误差通过网络反向传播，并使用递归方法进行权重调整。也可以使用神经网络分类来执行非线性分类(郑远攀等，2019)。

神经网络是一种运算模型，由大量的节点(或称"神经元")之间相互的连接构成(卢宏涛等，2016)。每个节点代表一种特定的输出函数，称为激活函数(Activation Function)。每两个节点间的连接都代表一个对于通过该连接信号的加权值，称之为权重，这相当于人工神经网络的记忆。网络的输出则依靠网络的连接方式、权重值和激励函数的不同而不同。而网络自身通常都是对自然界某种算法或者函数的逼近，也可能是对一种逻辑策略的表达(常亮等，2016)。

神经网络的构筑理念是受到生物(人或其他动物)神经网络功能的运作启发而产生的(周俊宇等，2017)。人工神经网络通常通过一个基于数学统计学类型的学习方法得以优化，所以人工神经网络也是数学统计学方法的一种实际应用。一方面，通过统计学的标准数学方法，我们能够得到大量的可以用函数来表达的局部结构空间；另一方面，在人工智能学的人工感知领域，我们通过数学统计学的应用可以来做人工感知方面的决定问题(也就是说，通过统计学的方法，人工神经网络能够像人一样具有简单的决定能力和简单的判断能力），这种方法比起正式的逻辑学推理演算更具有优势。

神经网络分类方法具有大规模并行处理机制、非线性映射关系、分布式存储等特点，可通过权值大小及网络学习进行相应的调整，利用训练好的网络联想记忆功能来实现对输入影像数据模式的分类处理。这些独特的优点正适合处理数据量巨大的遥感影像，为遥感影像分类提供了新的方法。神经网络分类方法通常计算量大，算法的学习效率及收敛速度都较为缓慢，再加上遥感影像光谱波段众多，数据量庞大，所以在运行处理时间和处理效率上相比于本章中所提及的其他四种监督方法而言最慢、最耗时。

根据生物神经元的特点，人们设计了人工神经元，用它模拟生物神经元的输入信号加权和的特性。设 n 个输入分别用 x_1, x_2, $\cdots$, x_n 表示，w_1, w_2, $\cdots$, w_n 依次为它们对应的联结权值，用 net 表示该神经元的网络输入量，即该神经元所获得的输入信号的累积效果，y 表示神经元的实际输出。图 3-2 给出了人工神经元基本特性示意图。

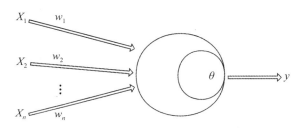

图 3-2　人工神经元基本特性示意图

为每个人工神经元设一个激活函数，用于转换该神经元所获得的网络输入量，以实现人工神经元的功能，它可将神经元的输出限制在一个适当的范围内或进行放大处理。一般来说，常用于分类的激活函数是 Sigmoid 函数，也称 S 型函数，如式(3-14)所示：

$$y = f(u) = \frac{1}{1 + e^{\lambda u}} \tag{3-14}$$

式中，$u \in \mathbf{R}$，输出 y 在(0, 1)之间取值，该函数可实现从输入层到输出层的非线性映射。

人工神经网络有以下几个基本特征：①并行分布处理：人工神经网络具有高度的并行结构和并行处理能力。虽然单个神经元作独立运算和处理时的运算速度不高，但各组成部分同时参与运算，总体的处理速度极快。②非线性映射：神经网络固有的非线性特性源于其近似任意非线性映射的能力。当神经元对所有输入信号的综合处理结果超过某一门限值后，就输出一个信号。因此，人工神经网络是一种具有高度非线性的连续时间动力学系统。③信息处理和信息存储的集成：作为神经元间连接键的突触，既是信号转换站，又是信息存储器。在神经网络中，知识与信息都等势分布储存于网络内的各神经元，它分散地表示和存储于整个网络内的各神经元及其连线上，表现为神经元之间分布式的物理联系。信息处理的结果反映在突触连接强度的变化上。

3.4.4 支持向量机方法

支持向量机(Support Vector Machine,SVM)是一种源自统计学习理论的监督分类方法,通常从复杂且含有噪声的数据中产生良好的分类结果。它使用决策图面将各类分开,该决策图面可最大化每类之间的边距。表面通常称为最优选的超平面,最接近超平面的数据点就称为支持向量,支持向量是训练集中的关键元素。比较研究表明,SVM 分类比流行的当代技术如神经网络和决策树以及传统的概率分类器如最大似然分类更准确(Giles et al.,2006)。

SVM 在解决小样本非线性及高维模式分类识别中表现出许多特有的优势。SVM 算法的目的就是要寻找一个最优超平面 H,使得 H 不仅能把不同类样本正确分开,而且不同类样本中每个点到 H 的距离最小值之和达到最大,称为最大间隔,其中,能取到距离最小值的那些样本称为支持向量(SVs)。

以两类数据分类为例,给定训练样本集 (x_i, y_i),$i = 1, 2, \cdots, l$,$x \in \mathbf{R}^n$,$y \in \{\pm 1\}$,超平面记为$(w \cdot x) + b = 0$,为使分类面对所有样本正确分类并且具备分类间隔,要求满足约束:

$$y_i[(w \cdot x_i) + b] \geqslant 1 \quad i = 1, 2, \cdots, l \tag{3-15}$$

可以计算出分类间隔为 $2/\|w\|$,因此构造最优超平面的问题就转化为在约束式下求:

$$\min\phi(w) = \frac{1}{2}\|w\|^2 = \frac{1}{2}(w' \cdot w) \tag{3-16}$$

解得最优解 $a^* = (a_1^*, a_2^*, \cdots, a_l^*)^\mathrm{T}$,计算最优权值向量 w^* 和最优偏置 b^*,分别为

$$\begin{cases} w^* = \sum_{j=1}^{l} a_j^* y_j x_j \\ b^* = y_i - \sum_{j=1}^{l} y_j a_j^* (x_j x_i) \end{cases} \tag{3-17}$$

从而得到最优分类超平面$(w^* \cdot x) + b^* = 0$,最优分类函数为:

$$f(x) = \mathrm{sgn}[((w^* \cdot x) + b^*)] = \mathrm{sgn}\left[\left(\sum_{j=1}^{l} a_j^* y_j (x_j \cdot x_i)\right) + b^*\right], \quad x \in \mathbf{R}^n \tag{3-18}$$

对于线性不可分情况,SVM 的主要思想是将输入向量映射到一个高维的特征向量空间,并在该特征空间中构造最优分类面。

3.4.5 马氏距离方法

马氏距离是马哈拉诺比斯距离的简称。马氏距离分类是一种对方向敏感的距离分类,它类似于最大似然分类方法,但假设所有类别的协方差均相等(梅江元,2016)。

马氏距离是一种距离的度量,可以看作欧氏距离的一种修正,修正了欧氏距离中各个维度尺度不一致且相关的问题。比如个人的健康指数 BMI,身高增加和体重增长都会影响

BMI 计算，与欧氏距离不同的是马氏距离会考虑到各种特性之间的关系。

单个数据点的马氏距离计算：

$$D_M(\boldsymbol{x}) = \sqrt{(\boldsymbol{x} - \boldsymbol{\mu})^{\mathrm{T}} \sum \boldsymbol{x}^{-1} (\boldsymbol{x} - \boldsymbol{\mu})} \qquad (3\text{-}19)$$

数据点 x 与 y 之间的马氏距离计算：

$$D_M(\boldsymbol{x}) = \sqrt{(\boldsymbol{x} - \boldsymbol{y})^{\mathrm{T}} \sum \boldsymbol{x}^{-1} (\boldsymbol{x} - \boldsymbol{y})} \qquad (3\text{-}20)$$

式中，$\sum \boldsymbol{x}$ 是多维随机变量 $\boldsymbol{x}$ 的协方差矩阵，$\boldsymbol{\mu}$ 为样本均值，如果协方差矩阵是单位向量，也就是各维度独立同分布，马氏距离就变成最为常用的欧氏距离(两点间最短的直线距离)。

3.5　实验与分析

本节将介绍实验所使用的数据、两种非监督分类方法和五种监督分类方法的结果，并对实验结果进行分析。

3.5.1　实验数据

实验数据选取环鄱阳湖城市群 2023 年 10 月、11 月的 Landsat-8 OLI 影像，选取的数据云量低于 10%。利用 ENVI 软件进行辐射校正和大气校正，同时对遥感影像进行裁剪，提取出研究区的遥感影像，图 3-3 为环鄱阳湖城市群的遥感影像。根据影像的光谱特征，通过人工判读把影像中的地物分为植被、水体、建设用地、裸地四类。通过绘制多边形感兴趣区进行训练样本选取，并对每类地物的感兴趣区用不同颜色加以区分。

3.5.2　实验结果

本节利用 ENVI 软件中的非监督分类模块和监督分类模块对同一 Landsat-8 OLI 影像分别用 K-Means 方法、ISODATA 方法、最小距离法、最大似然法、神经网络法、支持向量机法、马氏距离法七种分类方法进行分类。图 3-4～图 3-10 分别为采用 K-Means 方法、ISODATA 方法、最小距离法、最大似然法、神经网络法、支持向量机法、马氏距离法对影像进行分类的结果。

将分类结果图与原始影像相比较可以看出，不同的分类方法对于同一地物的类别有不同的判别，但是明显可以看出支持向量机方法的分类效果更好。从以上各种像素级分类结果对比中可以得出，K-Means 方法的总体分类效果最差，建设用地和植被出现大量错分现象，将原本是植被的地方分为了建设用地，对于水体和裸地的分类效果也较差。ISODATA 方法对于水体、裸地、建设用地分类效果较差，容易产生错分、漏分现象。最小距离法、最大似然法和马氏距离法对建设用地和裸地的分类效果一般，其中马氏距离法对建设用地分类效果较差，容易出现建设用地与植被错分现象。神经网络法对大部分地物类别基本分类正确，但部分建设用地和植被出现错分。

图 3-3 环鄱阳湖城市群遥感影像图

2023年环鄱阳湖城市群土地利用分类图

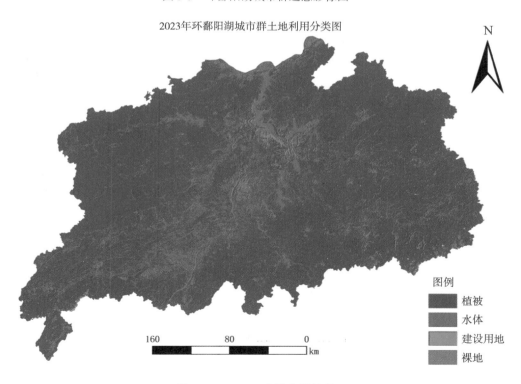

图 3-4 *K*-Means 方法分类结果

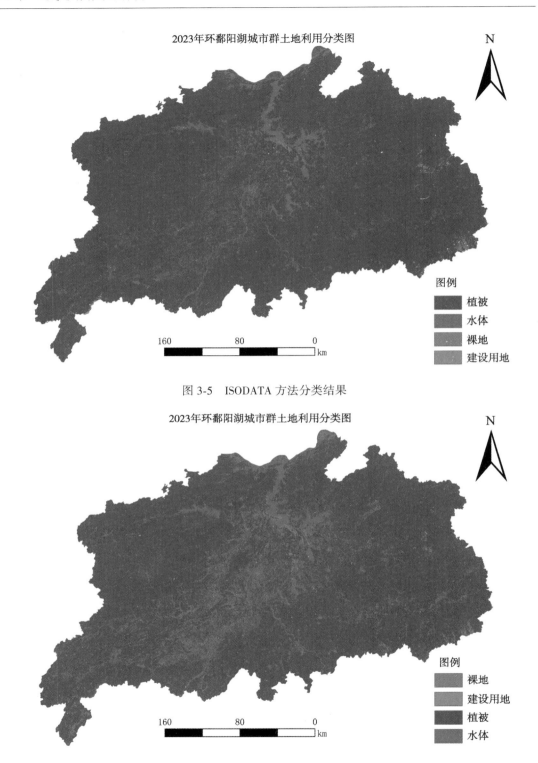

2023年环鄱阳湖城市群土地利用分类图

图例
植被
水体
裸地
建设用地

图 3-5　ISODATA 方法分类结果

2023年环鄱阳湖城市群土地利用分类图

图例
裸地
建设用地
植被
水体

图 3-6　最小距离法分类结果

2023年环鄱阳湖城市群土地利用分类图

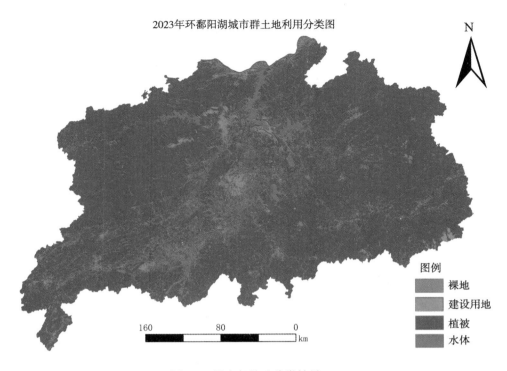

图 3-7　最大似然法分类结果

2023年环鄱阳湖城市群土地利用分类图

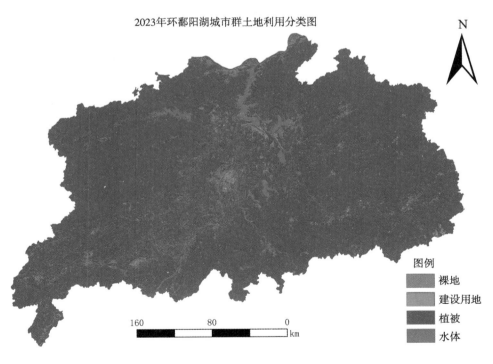

图 3-8　神经网络法分类结果

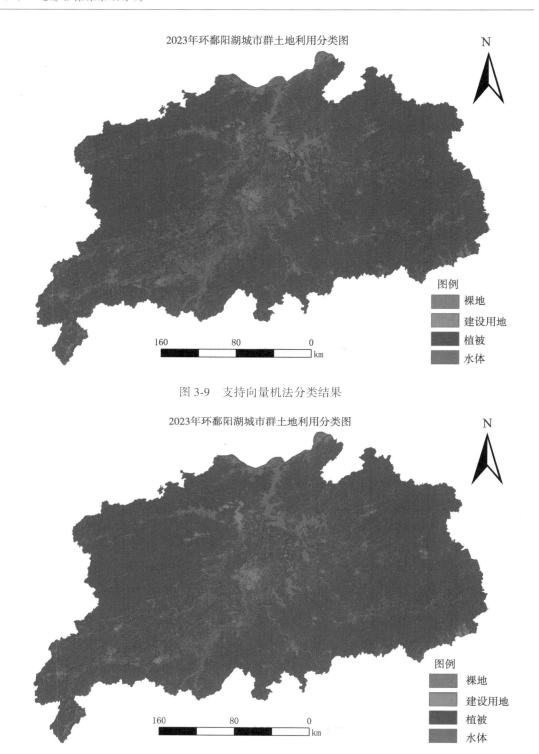

图 3-9　支持向量机法分类结果

图 3-10　马氏距离法分类结果

虽然可以从分类结果图中看出分类效果和差异，但是为了进一步直观地分析不同分类方法的分类能力，在执行七种不同的像素级分类方法后，使用同一种评价方法：混淆矩阵法来评价分类结果，结果包括总体分类精度、制图精度和用户精度、Kappa 系数、错分误差和漏分误差。为了定量地比较各个分类方法，本章选取总体分类精度和 Kappa 系数来评价这七种分类方法的分类精度，如表 3-1 所示。

表 3-1　各种分类结果精度评价

分类方法	总体分类精度/%	Kappa 系数
K-Means 方法	92.3951	0.8947
ISODATA 方法	85.5951	0.7987
最小距离法	91.4800	0.8819
最大似然法	94.5093	0.9240
神经网络法	94.5093	0.9237
支持向量机法	95.1720	0.9330
马氏距离法	95.0142	0.9307

对以上实验结果进行对比分析，可以得出：这七种分类方法中，支持向量机法在总体分类精度和 Kappa 系数两个精度评价指标中表现最优，相较于次优的方法分别提升了 0.1578% 和 0.0023，对于容易错分的地物也得到了比较好的区分，能更准确地提取出目标地物。马氏距离法在总体分类精度和 Kappa 系数两个精度评价指标中表现次优，在分类效果方面也较好。神经网络法和最大似然法在总体分类精度和 Kappa 系数两个精度评价指标中相差不大，神经网络法在总体分类精度方面与最大似然分类法相同，在 Kappa 系数方面比最大似然法低 0.0003，这两种方法分类方法效果较好，只存在少量的植被和建设用地错分情况。K-Means 和最小距离法较为接近，总体分类精度均在 92% 左右，Kappa 系数在 0.89 左右，基本满足分类精度要求。ISODATA 方法表现最差，总体分类精度和 Kappa 系数两个评价指标均最低，前者小于 90%，后者小于 0.8，与其他几种方法比较劣势明显。

在七种分类方法中，马氏距离法的精度相对支持向量机法较低，主要原因在于协方差矩阵的估计出现误差以及参数设置不合理，从而影响马氏距离法的计算精度。支持向量机法由于分类精度较高，仍是使用较多的分类方法。最大似然法在本次实验中表现较好，分类结果的精度比较理想。ISODATA 法的总体分类精度和 Kappa 系数最低，可见非监督分类方法的表现在两种指标上大多不如监督分类方法，分类结果不理想。综上所述，支持向量机法精度略高于马氏距离法、最大似然法，可以更加广泛深入地应用。

神经网络法和支持向量机法的精度较高的原因在于神经网络具有学习能力和容错特性，并且无须就模型作出假定，不需要考虑数据是否存在正态分布或者连续性分布；能够在特征空间上形成任意的多边界决策面，再在动态中调节决策边界；在计算均值和方差时采用多次迭代，直到输出结果与传统的目视解译结果满足误差要求。而支持向量机法是建立在统计学习理论上的机器学习方法，可以自动寻找在间隔区边缘的训练样本点，从而区分有较大区分能力的支持向量，将类与类之间的间隔最大化。

3.6 本章小结

本章对于非监督分类方法的概念、两种常用的非监督分类方法，以及监督分类的概念、流程、精度评价指标、五种常用的监督分类方法进行了介绍，这七种分类方法分别为 K-Means 分类、ISODATA 分类、最小距离分类、最大似然分类、神经网络分类、支持向量机分类、马氏距离分类方法。并利用这七种方法对环鄱阳湖城市群遥感影像进行的监督分类实验做了介绍，并对分类结果以及总体分类精度和 Kappa 系数进行了评价分析。结果表明，五种监督分类方法中支持向量机法具有最高的分类精度；马氏距离法分类精度次之；神经网络法和最大似然法的分类精度一般，最小距离法的分类精度最差。两种非监督分类方法的效果都比较差，相比之下监督分类的支持向量机分类方法精度较高，表明该分类方法通常适合应用于遥感影像分类中。

遥感影像分类方法众多，本次实验中支持向量机法的分类精度最高，其在纹理和视觉效果方面也比其他分类方法的效果好，但由于真实地表地物的复杂多样，影像中不同的地物也能对分类结果产生很大的影响，所以在遥感影像分类中还有很多问题值得我们探讨。用何种方式构建一个新的分类器系统，可以快速、高效、准确地对遥感影像进行分类提取，需要做进一步研究探讨。每种分类方法都有各自的优劣性与实用性，选择最适应条件的分类方法才能达到分类精度的最优化。随着遥感技术的日新月异，综合运用各种方法进行理论创新必将提高今后遥感影像分类精度。

第4章　顾及异常训练样本的遥感影像像素级分类

本章将采用 MAD 方法对像素级遥感影像分类中的异常训练样本进行探测，其中异常训练样本分为不纯训练样本和错选训练样本两类。然后采用探测前后的训练样本进行 SVM 分类，比较探测前后的分类精度变化以验证 MAD 对异常训练样本探测的可行性。

4.1　概述

遥感影像分类是遥感领域的重要研究方向之一，其主要包括非监督分类和监督分类。对于大多数遥感分类任务，监督分类由于包含额外的先验信息，其分类结果通常优于非监督分类。在典型的监督学习框架中，提供一定数量的训练样本用以训练分类器，然后将目标影像分为不同的类别，因此，监督分类的精度在很大程度上取决于训练样本的质量。

然而，由于条件限制和人为错误，用于训练分类器的训练样本经常被污染或选择错误。针对训练样本中含有异常值的问题，已经提出了许多方法来处理。一种常见的处理策略是设计异常样本的复杂模型，使得这些模型不会受到异常值的影响。在该方向，集成学习算法集成了几种分类器的优点，其对异常样本具有稳健性。尽管在集成学习框架内的许多研究中已经报道了良好的结果，但是大多数现有方法仅在训练数据含有少量异常训练样本时才有效。另一种处理异常训练样本的策略是先识别和清除异常的训练样本，然后根据提纯的训练样本学习分类器，得到更精确的分类结果。然而，使用这些方法探测并剔除异常训练样本均需要大量的训练数据作支撑，为此需要花费大量的时间和繁琐的步骤。

遥感影像监督分类中异常训练样本会直接影响分类精度。为此，本章采用中位数绝对偏差（Median Absolute Deviation，MAD）方法探测和剔除异常训练样本，采用支持向量机（Support Vector Machine，SVM）分类器对遥感影像进行分类，通过与异常训练样本分类结果的比较，验证 MAD 对提高分类精度的可行性。

4.2　实验方法

对于像素级遥感影像的监督分类，每个地物类别的训练样本通常以多边形斑块的形式收集。如果一个地物类别的训练样本含有一定数量的属于其他地物类别的像元，那么它将具有比该类的纯训练样本更不均匀的光谱值分布。换句话说，不纯训练样本的类内方差将明显大于提纯训练样本的方差。同理，当选择某一地物类别的训练样本时，若错误地将其他类别的训练样本归为该地物类别，其均值则不同于该地物类别中其他训练样本（Gong et al.,2019；龚循强等，2020）。因此，可以采用 MAD 方法来探测不纯和错选训练样本。

假设为特定的地物类别创建了 n 个训练样本，并且要分类的遥感影像具有 d 个波段，使用 MAD 提纯过程可以描述如下：

（1）对于第 i 个训练样本，计算属于训练样本的所有像元的每个波段的标准差 s_i 或均值 a_i。

（2）S_i 为 s_i 所有波段的标准差总和，A_i 为 a_i 所有波段的均值总和，即 $S_i = \sum\limits_{m=1}^{d} s_i$ 和 $A_i = \sum\limits_{m=1}^{d} a_i$ 构成新观测值。

（3）对于 n 个训练样本，可以获得 n 个观测值，即 $\{x_1, x_2, \cdots, x_n\}$，它们可以由 MAD 直接建模。

根据上述步骤（1）~（3），利用 MAD 方法可以探测和剔除不纯或错选的训练样本。对于其他地物类别，可以重复相同的提纯过程。为了合理地比较结果，本节使用两组不同的实验测试提出的提纯训练样本方法，同时保持一个参数稳定，而另一个参数变化，如验证的样本是固定的，但训练样本分别是变化的。为了模拟训练样本噪声，在两组实验中分别将一些不纯或错选的训练样本添加到初始训练样本中，根据 MAD 方法探测前后的训练样本进行监督分类，根据分类结果验证所提出方法的可行性。

应该注意的是，Jeffries-Matusita 可分离性指数（其值在 0 和 2.0 之间）通常用于估计假定的不同地物类别的训练样本区域之间的光谱差异（Wang et al.，2018）。一般情况下训练样本在所有地物类别之间实现大于 1.9 的 Jeffries-Matusita 可分离性指数，表明是合格的。但是在所选训练样本的 Jeffries-Matusita 可分离性指数大于 1.9 时，仍然可能存在不纯或错选的训练样本。为了验证此问题，本章中所选训练样本的可分离性指数均大于 1.9。

4.3 实验设计

4.3.1 研究区概况及数据预处理

本章选择江西省南昌市作为研究区域。南昌市位于江西省的中部偏北地区，在东经 115°27′—116°35′、北纬 28°10′—29°11′之间，东邻东乡、余干两地，南与丰城、临川交界，西同高安、奉新、靖安三地接壤，北同鄱阳、都昌、永修三地共邻鄱阳湖。由于其特殊的地理位置，自古以来就有"襟三江而带五湖，控蛮荆而引瓯越"之称。如今，南昌不仅是同时毗邻闽南金三角、珠江三角洲和长江三角洲的省会核心城市，更是沟通海峡西岸经济区、珠江三角洲和长江三角洲三大重要经济圈的省际运输走廊。

本实验数据来源于 2017 年 9 月 14 日 Landsat-8 获取的南昌地区的卫星影像，首先通过辐射定标和大气校正处理，再对影像进行镶嵌与融合，获取南昌地区空间分辨率为 15m

的多光谱影像，选取 1000 像素×1000 像素（即 15km×15km）的区域，其中包含水体、建筑、植被和裸地四种地物类型。融合影像裁剪结果如图 4-1 所示。

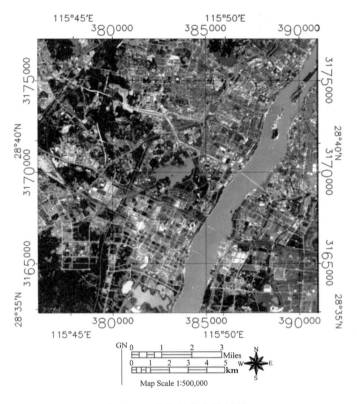

图 4-1 融合影像裁剪结果

为了合理地比较结果，需要保持一个参数不变，另一个参数变化。在两组实验中，验证样本是固定的，但训练样本是变化的。验证的样本显示在图 4-2 中。

4.3.2 分类器的选择

在机器学习中，支持向量机是一种监督学习模型和相关学习的算法，经常用于分类和回归分析中的数据。对于给定的一组训练样本，每个训练样本被标记为两个类别中的一个或另一个，SVM 训练算法创建一个模型，该模型将新样本分配给两个类别中的一个，使其成为非概率二元线性分类器。SVM 模型是将样本表示为空间中的点，以便映射以最宽的可能间隔分离各个类别的样本。然后将新样本映射到相同的空间，并根据它们所处的间隔的那一侧来预测类别（王明伟等，2016；王振武等，2016；张怡，2021）。

除了进行线性分析，SVM 还能够更高效地完成非线性分类，将其输入隐式映射至更高维的特征空间中。在未标记数据中无法进行监督学习，只能采用非监督学习，它会试图找出新数据簇的自动聚类，并把新数据映射到这些已建立的簇。

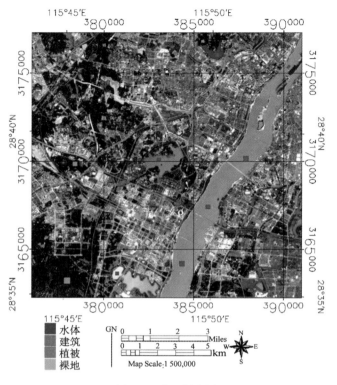

图 4-2   验证样本图

4.3.3   分类评价指标

监督分类后需要进行定量精度评定，一般通过混淆矩阵、总体精度、Kappa 系数、生产者精度和用户精度来评价分类结果，以求得训练样本提纯前后的精度变化。具体分类评价指标如下。

1）混淆矩阵（Confusion Matrix）

在遥感影像分类后，可根据混淆矩阵来评定分类的精度，每一行表示遥感数据的分类信息，每一行的数值表示分类像元在实测类别中的像元数。每一列表示分类实际测得的信息，每一列的数值表示实测类别的像元数在分类影像中对应的数量。

2）总体精度（Overall Accuracy）

总体精度等于被正确分类的像元数占像元总数的比例，被正确分类的像元数标注在混淆矩阵的对角线位置，总像元数等于该数据的像元总数。

3）Kappa 系数（Kappa Coefficient）

通过将所有真实参考的像元总数（N）乘以混淆矩阵对角线（$\sum\limits_{k}^{x} k$）的和，再减去某一类中真实参考像元数与该类中被分类像元总数之积之后，再除以像元总数的平方减去某一类中真实参考像元总数与该类中被分类像元总数之积对所有类别求和的结果。Kappa 系数的计算公式为：

$$K = \frac{N \sum\limits_{k}^{x} - \sum\limits_{k}^{x} k \sum\limits^{x} \sum k}{N^2 - \sum\limits_{k}^{x} k \sum\limits^{x} \sum k} \qquad (4-1)$$

4）生产者精度（Producer Accuracy）

生产者精度指分类器将整幅影像的像元正确分为某类的像元数（对角线值）占该类真实参考总数（混淆矩阵中某类列的总和）的比例。

5）用户精度（User Accuracy）

用户精度是指正确分到某类的像元总数（对角线值）与分类器将整幅影像的像元分为该类的像元总数（混淆矩阵中某类行的总和）的比例。

4.4 异常训练样本探测

4.4.1 单个不纯训练样本探测

（1）本次分类选取四种地物类别，分别是水体、建筑、植被和裸地。选取七个水体样本，其中包含一个不纯的样本。再选取七个植被样本，七个建筑样本，六个裸地样本，其中均不含异常样本。含有单个不纯样本的训练样本图如图4-3所示。

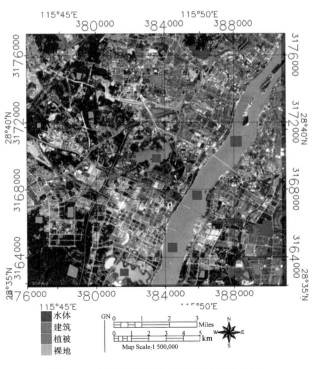

图 4-3　含有单个不纯样本的训练样本图

（2）使用 ENVI 中 Compute ROI Separability 功能检测四种类别的分离性，结果如表 4-1 所示。各个类别之间的分离性大于 1.9，故满足实验要求。

表 4-1　含有单个不纯训练样本的类别分离性

类　　别	分离性
水体和建筑	1.90444
水体和植被	1.97104
建筑和裸地	1.97403
建筑和植被	1.99208
水体和裸地	1.99647
植被和裸地	1.99732

（3）通过 ENVI 提取七个水体样本中各个波段的标准差，具体数据如表 4-2 所示。在水体类中，七个训练样本的观测值 S 分别为 864.854、733.528、334.033、595.998、571.372、560.573、13494.264。然后根据式（2-7）、式（2-8）求出七个水体样本的判定系数分别为 1.319、0.674、1.285、0.000、0.121、0.174、63.257。结果发现，第七个训练样本的判定系数大于 2.5，表明它应该是水体类中的一个不纯的训练样本，因此可以删去第七个水体样本，具体位置如图 4-4 所示。

表 4-2　单个不纯训练样本中七个水体样本的标准差及判定系数

类别	水体 1	水体 2	水体 3	水体 4	水体 5	水体 6	水体 7
波段 1	85.365	83.213	40.008	74.939	70.784	74.651	1285.169
波段 2	88.223	83.013	39.735	74.761	69.237	76.669	1284.561
波段 3	118.324	106.459	53.86	75.732	87.933	95.399	1405.447
波段 4	192.524	143.259	42.736	89.734	119.857	99.827	1721.376
波段 5	225.154	171.295	78.459	115.874	107.787	100.05	3543.371
波段 6	88.407	87.245	46.061	92.102	66.685	65.786	2374.747
波段 7	66.857	59.044	33.174	72.856	49.089	48.191	1879.593
总和	864.854	733.528	334.033	595.998	571.372	560.573	13494.264
判定系数	1.319	0.674	1.285	0.000	0.121	0.174	63.257

（4）检验去除单个不纯样本后的类别分离性。去除异常样本之后，如表 4-3 所示，水体和建筑的分离性从 1.90444 提高到 1.99997，水体和植被的分离性从 1.97104 提高到 2.00000，验证了 MAD 方法提纯单个不纯训练样本的可行性。

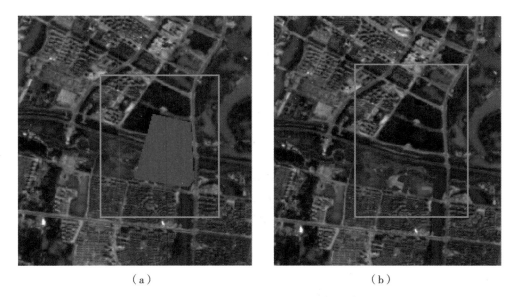

（a）   （b）

图 4-4 单个不纯训练样本中不纯水体样本所在位置图

表 4-3 去除单个不纯训练样本后的类别分离性

类　　别	分离性
建筑和裸地	1.97403
建筑和植被	1.99208
植被和裸地	1.99732
水体和建筑	1.99997
水体和裸地	2.00000
水体和植被	2.00000

4.4.2　多个不纯训练样本探测

（1）本次分类同样选取水体、建筑、植被和裸地四种类别。选取九个建筑样本，其中包含三个不纯的样本，选取七个水体样本，其中含一个不纯样本。再选取六个植被样本，六个裸地样本，其中均不含异常样本。含有多个不纯样本的训练样本图如图 4-5 所示。

（2）使用 ENVI 中的 Compute ROI Separability 功能检测四个类别的分离性，结果如表 4-4 所示。相对于含有单个不纯样本的分离性，含多个不纯样本的分离性较低，但各个类别之间的分离性都大于 1.9，也满足实验要求。

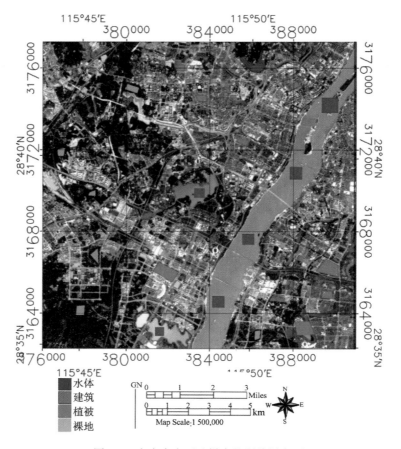

图 4-5　含有多个不纯样本的训练样本图

表 4-4　含有多个不纯训练样本的类别分离性

类　　别	分离性
建筑和水体	1.91100
建筑和裸地	1.91397
建筑和植被	1.96950
水体和植被	1.99817
水体和裸地	1.99905
植被和裸地	1.99999

　　（3）通过 ENVI 提取九个建筑样本和七个水体样本中各个波段标准差，具体数据分别如表 4-5 和表 4-6 所示。根据表 4-5 可得，在建筑类中，九个训练样本的观测值 S_i 分别为 8439.798、 10317.971、 8779.719、 16017.037、 8629.521、 8832.289、 21726.055、

13354.052、7827.259。然后根据式(2-7)、式(2-8)求出九个建筑样本的判定系数，分别为0.263、0.997、0.035、4.822、0.136、0.000、8.654、3.035、0.675。结果发现，第四个、第七个、第八个训练样本的判定系数大于2.5，表明它应该是建筑类中的三个不纯的训练样本，因此可以删去这三个建筑样本，具体位置如图4-6所示。根据表4-6可得，在水体类中，七个训练样本的观测值S_i分别为864.854、733.528、334.033、595.998、571.372、560.573、12626.845。然后根据式(2-7)、式(2-8)求出七个水体样本的判定系数，分别为0.000、0.121、0.174、0.674、1.285、1.319、59.003。结果发现，第七个训练样本的判定系数大于2.5，表明它应该是水体类中的一个不纯的训练样本，因此可以删去这个水体样本，具体位置如图4-7所示。

表4-5 多个不纯训练样本中九个建筑样本的标准差及判定系数

类别	建筑1	建筑2	建筑3	建筑4	建筑5
波段1	1003.683	1300.945	1045.331	1583.327	1089.176
波段2	965.71	1289.456	1026.895	1662.173	1054.782
波段3	1023.599	1207.435	1059.019	1828.259	1026.406
波段4	1071.611	1232.715	1147.743	2277.031	1032.508
波段5	1785.056	2118.156	1748.586	3086.031	1858.982
波段6	1386.262	1665.812	1489.113	2991.969	1403.803
波段7	1203.877	1503.452	1263.032	2588.247	1163.864
总和	8439.798	10317.971	8779.719	16017.037	8629.521
判定系数	0.263	0.997	0.035	4.822	0.136

类别	建筑6	建筑7	建筑8	建筑9	
波段1	1063.532	2003.013	1560.064	898.324	
波段2	1062.577	2196.482	1593.07	866.741	
波段3	1079.964	2477.016	1627.508	882.448	
波段4	1099.048	2984.277	2071.464	977.796	
波段5	1790.447	4307.382	2357.335	1573.093	
波段6	1490.282	4177.253	2144.031	1413.561	
波段7	1246.439	3580.632	2000.58	1215.296	
总和	8832.289	21726.055	13354.052	7827.259	
判定系数	0.000	8.654	3.035	0.675	

表 4-6　多个不纯训练样本中七个水体样本的标准差及判定系数

类别	水体 1	水体 2	水体 3	水体 4	水体 5	水体 6	水体 7
波段 1	85.365	83.213	40.008	74.939	70.784	74.651	1472.781
波段 2	88.223	83.013	39.735	74.761	69.237	76.669	1379.932
波段 3	118.324	106.459	53.86	75.732	87.933	95.399	1245.372
波段 4	192.524	143.259	42.736	89.734	119.857	99.827	1256.397
波段 5	225.154	171.295	78.459	115.874	107.787	100.05	3393.318
波段 6	88.407	87.245	46.061	92.102	66.685	65.786	2430.117
波段 7	66.857	59.044	33.174	72.856	49.089	48.191	1448.928
总和	864.854	733.528	334.033	595.998	571.372	560.573	12626.845
判定系数	0.000	0.121	0.174	0.674	1.285	1.319	59.003

（4）检验去除多个不纯样本后的类别分离性。在去除异常样本之后，如表 4-7 所示，建筑和水体的分离性从 1.91100 提高到 2.00000，建筑和裸地的分离性从 1.91397 提高到 1.97853，建筑和植被的分离性从 1.96950 提高到 1.99980，验证了 MAD 对于含有多个不纯训练样本的探测具有可行性。

4.4.3　单个错选训练样本探测

（1）本次分类同样选取水体、建筑、植被和裸地四种类别。选取六个水体样本，其中含一个错选样本。再选取五个建筑样本、五个植被样本、五个裸地样本，其中均不含错选样本。含有单个错选样本的训练样本图如图 4-8 所示。

（2）使用 ENVI 中的 Compute ROI Separability 功能检测四个类别的可分离性，结果如表 4-8 所示。各个类别之间的分离性都大于 1.9，故满足实验要求。

（3）通过 ENVI 提取六个水体样本中各个波段的均值之和，如表 4-9 所示。在水体类中，六个训练样本的观测值 A_i 分别为 78432.640、79353.395、78869.651、76699.660、67111.998、79073.104。根据式（2-7）、式（2-8）求出六个水体样本的判定系数，分别为 0.262、0.843、0.262、2.342、13.846、0.506。结果发现，第五个训练样本的判定系数大于 2.5，表明它应该是水体类中的一个错选训练样本，因此剔除这个水体样本（图 4-9）。

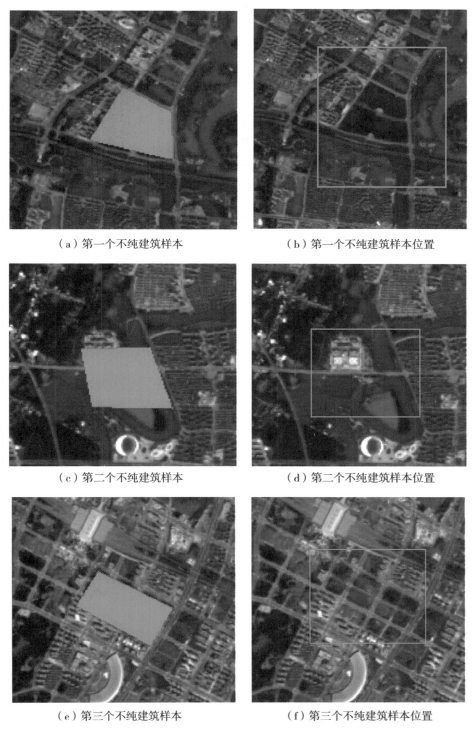

（a）第一个不纯建筑样本　　　　　（b）第一个不纯建筑样本位置

（c）第二个不纯建筑样本　　　　　（d）第二个不纯建筑样本位置

（e）第三个不纯建筑样本　　　　　（f）第三个不纯建筑样本位置

图 4-6　多个不纯训练样本中三个不纯建筑样本所在位置图

（a）不纯水体样本　　　　　　　　　　（b）不纯水体样本位置

图 4-7　多个不纯训练样本中不纯水体样本所在位置图

表 4-7　去除多个不纯训练样本后的类别分离性

类　　　别	分离性
建筑和裸地	1.97853
建筑和植被	1.99980
植被和裸地	1.99999
建筑和水体	2.00000
水体和裸地	2.00000
水体和植被	2.00000

表 4-8　含有单个错选训练样本的类别分离性

类　　　别	分离性
水体和建筑	1.99008
水体和植被	1.99591
建筑和裸地	1.99945
建筑和植被	1.99998
水体和裸地	2.00000
植被和裸地	2.00000

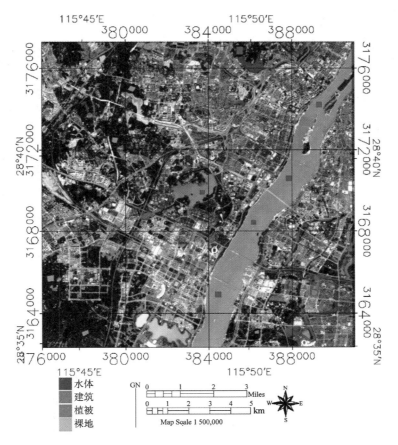

图 4-8 含有单个错选样本的训练样本图

表 4-9 单个错选训练样本中六个水体样本的均值及判定系数

类别	水体 1	水体 2	水体 3	水体 4	水体 5	水体 6
波段 1	13722.921	13857.844	13764.444	13382.591	9180.299	13786.147
波段 2	12682.771	12822.764	12722.902	12248.003	8190.003	12763.886
波段 3	12226.412	12403.303	12302.991	11829.138	7494.542	12343.888
波段 4	10950.657	11102.313	11055.053	10810.418	6296.248	11032.555
波段 5	11742.342	11917.025	11845.200	11692.238	20583.05	11876.575
波段 6	9121.637	9209.043	9166.106	8922.027	9136.102	9212.995
波段 7	7985.900	8041.103	8012.955	7815.245	6231.754	8057.058
总和	78432.640	79353.395	78869.651	76699.660	67111.998	79073.104
判定系数	0.262	0.843	0.262	2.342	13.846	0.506

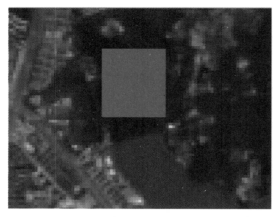

（a）错选水体样本　　　　　　　　（b）错选水体样本位置

图 4-9　单个错选训练样本中错选水体样本所在位置图

（4）检验去除单个错选样本后的类别分离性。去除错选样本之后，如表 4-10 所示，水体和建筑的分离性从 1.99008 提高到 2.00000，水体和植被的分离性从 1.99591 提高到 2.00000，验证了 MAD 方法提纯单个错选训练样本的可行性。

表 4-10　去除单个错选训练样本后的类别分离性

类　　别	分离性
建筑和裸地	1.99591
建筑和植被	1.99998
植被和裸地	2.00000
水体和建筑	2.00000
水体和裸地	2.00000
水体和植被	2.00000

4.4.4　多个错选训练样本探测

（1）同样选取水体、建筑、植被和裸地四种地物类别。选取八个建筑样本，其中包含三个错选的样本，选取六个水体样本，其中含一个错选样本。再选取五个植被样本、五个裸地样本，其中均不含错选样本。含有多个错选样本的训练样本图如图 4-10 所示。

（2）使用 ENVI 中的 Compute ROI Separability 功能检测四个类别的可分离性，结果如表 4-11 所示。相对于含有单个错选样本的分离性，含多个错选样本的分离性较低，但各个类别之间的分离性都大于 1.9，也满足实验要求。

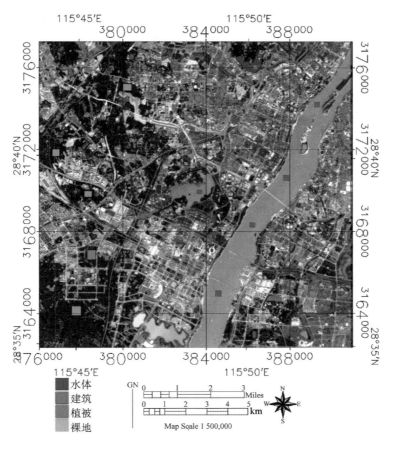

图 4-10   含有多个错选样本的训练样本图

表 4-11   含有多个错选训练样本的类别分离性

类 别	分离性
建筑和水体	1.90016
建筑和裸地	1.90166
建筑和植被	1.99812
水体和植被	1.99993
水体和裸地	1.99997
植被和裸地	2.00000

（3）通过 ENVI 提取八个建筑样本和六个水体样本中各个波段均值之和，如表 4-12 和表 4-13 所示。根据表 4-12 可知，在建筑类中，八个训练样本的观测值 A_i 分别为 112990.212、88510.148、88608.985、90845.565、70938.949、81853.891、65344.236、87350.853。再根据式（2-7）、式（2-8）求出八个建筑样本的判定系数，分别为 3.760、

0.087、0.102、0.437、2.549、0.912、3.389、0.087。结果发现，第一个、第五个、第七个训练样本的判定系数大于 2.5，表明它应该是建筑类中的三个错选的训练样本，因此剔除这三个建筑样本(图 4-11)。

表 4-12　多个错选训练样本中八个建筑样本的标准差及判定系数

类别	建筑 1	建筑 2	建筑 3	建筑 4
波段 1	13778.553	12796.192	12141.234	12616.882
波段 2	12937.327	12173.31	11303.086	11853.401
波段 3	14128.033	10660.049	10840.525	11327.104
波段 4	16596.229	10358.104	11048.239	11327.356
波段 5	20467.071	14114.101	16499.622	16272.637
波段 6	19753.625	14880.281	14580.438	14738.738
波段 7	15329.374	13528.111	12195.841	12709.447
总和	112990.212	88510.148	88608.985	90845.565
判定系数	3.760	0.087	0.102	0.437
类别	建筑 5	建筑 6	建筑 7	建筑 8
波段 1	9424.348	12002.037	12004.8	13198.98
波段 2	8491.46	11092.735	10792.976	12483.911
波段 3	8157.244	10468.937	9667.619	10929.628
波段 4	6920.186	9885.502	8483.457	10621.425
波段 5	18620.616	15631.255	9788.295	13410.155
波段 6	11628.056	12587.125	7690.009	13913.523
波段 7	7697.039	10186.3	6917.08	12793.231
总和	70938.949	81853.891	65344.236	87350.853
判定系数	2.549	0.912	3.389	0.087

由表 4-13 可知，在水体类中，六个训练样本的观测值 A_i 分别为 78432.64、79353.395、78869.651、76699.66、69901.302、79073.104。根据式(2-7)、式(2-8)求出六个水体样本的判定系数，分别为 0.262、0.843、0.262、2.342、10.499、0.506。结果发现，第五个训练样本的判定系数大于 2.5，表明它应该是水体类中的一个错选训练样本，因此剔除这个水体样本(图 4-12)。

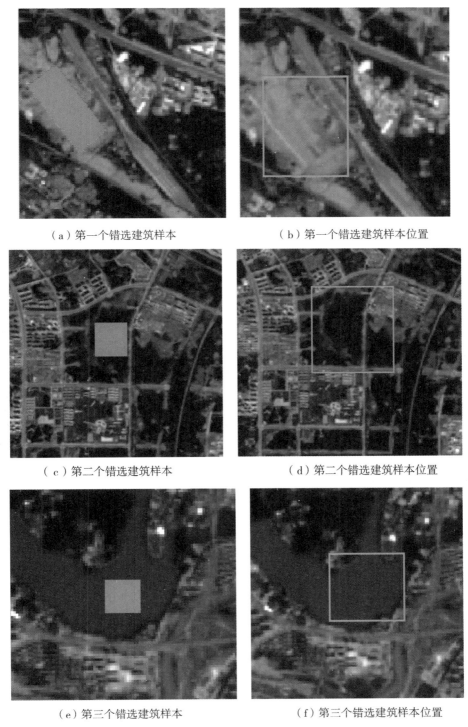

（a）第一个错选建筑样本　　　　　　（b）第一个错选建筑样本位置

（c）第二个错选建筑样本　　　　　　（d）第二个错选建筑样本位置

（e）第三个错选建筑样本　　　　　　（f）第三个错选建筑样本位置

图 4-11　多个错选训练样本中三个错选建筑样本所在位置图

表 4-13　多个错选训练样本中六个水体样本的标准差及判定系数

类别	水体 1	水体 2	水体 3	水体 4	水体 5	水体 6
波段 1	13722.921	13857.844	13764.444	13382.591	9246.5	13786.147
波段 2	12682.771	12822.764	12722.902	12248.003	8328.585	12763.886
波段 3	12226.412	12403.303	12302.991	11829.138	7871.614	12343.888
波段 4	10950.657	11102.313	11055.053	10810.418	6519.742	11032.555
波段 5	11742.342	11917.025	11845.2	11692.238	21271.137	11876.575
波段 6	9121.637	9209.043	9166.106	8922.027	9867.502	9212.995
波段 7	7985.9	8041.103	8012.955	7815.245	6796.222	8057.058
总和	78432.64	79353.395	78869.651	76699.66	69901.302	79073.104
判定系数	0.262	0.843	0.262	2.342	10.499	0.506

（a）错选水体样本　　　　　　　　　　（b）错选水体样本位置

图 4-12　多个错选训练样本中错选水体样本所在位置图

（4）检验去除多个错选样本后的类别分离性。在去除异常样本之后，如表 4-14 所示，建筑和裸地的分离性从 1.90166 提高到 1.98697，建筑和水体的分离性从 1.90016 提高到 2.00000，验证了 MAD 对于含有多个错选训练样本的探测具有可行性。

表 4-14　去除多个错选训练样本后的类别分离性

类　　别	分离性
建筑和裸地	1.98697
建筑和植被	1.99949
植被和裸地	1.99997

续表

类　别	分离性
建筑和水体	2.00000
水体和裸地	2.00000
水体和植被	2.00000

4.5 不纯训练样本的实验结果与分析

4.5.1 单个不纯训练样本的分类结果与分析

使用 MAD 方法，可以从水体类中成功地探测和剔除不纯的训练样本。未提纯训练样本的分类 SVM 结果如图 4-13(a)所示。我们可以发现，提纯训练样本的 SVM 分类结果可以被很好地接受，因为它可以清楚地从图 4-13(b)中对所有像元进行分类。然而，由于一个不纯的训练样本对水体类的影响，未提纯训练样本的 SVM 分类结果中部分像元不能被有效分类。

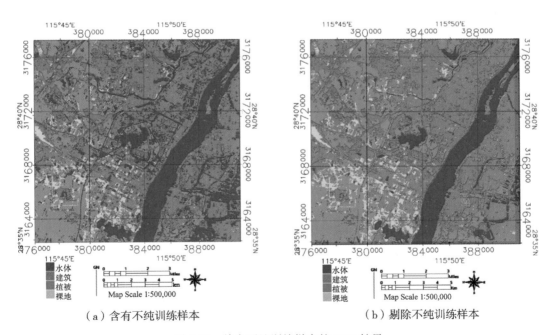

（a）含有不纯训练样本　　　　　（b）剔除不纯训练样本

图 4-13　单个不纯训练样本的 SVM 结果

表 4-15 提供了未提纯训练样本的混淆矩阵。根据表 4-15 中的数据，许多水体被错分为建筑像元(即 141)和植被像元(即 155)，建筑被错分为水体(即 319)、植被(即 7)和裸

地(即 14),植被被错分为水体(即 205)、建筑(即 35)和裸地(即 54),裸地被错分为建筑(即 23)、水体(即 10)和植被(即 26)。未提纯训练样本中水体的生产者精度为 94.497%(即 9169/9703)。然而,提纯训练样本的结果是表 4-16 中的 100%(即 7101/7101),根据混淆矩阵,未提纯训练样本的总体精度为 95.468%,但提纯训练样本的总体精度是 99.022%。因此,未提纯训练样本的总体精度明显比提纯训练样本的精度低。比较 SVM 的未提纯训练样本和提纯训练样本的 Kappa 系数可以发现,未提纯训练样本的 Kappa 系数为 0.934,提纯训练样本的 Kappa 系数为 0.986。这表明提纯后的训练样本会提高分类精度。

表 4-15　含有单个不纯训练样本的 SVM 混淆矩阵

类别	水体	建筑	植被	裸地	总数
水体	9169	141	155	5	9470
建筑	319	5058	7	14	5398
植被	205	35	4823	54	5117
裸地	10	23	26	1888	1947
总数	9703	5257	5011	1961	21932

表 4-16　剔除单个不纯训练样本的 SVM 混淆矩阵

类别	水体	建筑	植被	裸地	总数
水体	7101	0	2	0	7103
建筑	0	5198	34	14	5246
植被	0	34	4950	55	5039
裸地	0	25	25	1892	1942
总数	7101	5257	5011	1961	19330

4.5.2　多个不纯训练样本的分类结果与分析

SVM 的未提纯训练样本的分类结果显示在图 4-14(a)中。可以发现,由于在未提纯训练样本中存在更多不纯的训练样本,因此难以清楚地区分所有类别的像元。根据图 4-14(b)中的提纯训练样本的结果,可以清楚地观察到,使用提纯训练样本方法探测和剔除不纯训练样本时,所有类别的像元可以被清楚地分类。

用于 SVM 的未提纯和提纯训练样本的混淆矩阵分别在表 4-17 和表 4-18 中提供。很明显:①表 4-18 中生产者对提纯训练样本的水体、建筑、植被和裸地的精度分别是 99.803%(即 3554/3561)、100%(即 6776/6776)、99.884%(即 3433/3437)和 99.243%(即 1705/1718),明显高于表 4-17 中对应的 89.957%(即 10229/11371)、90.369%(即

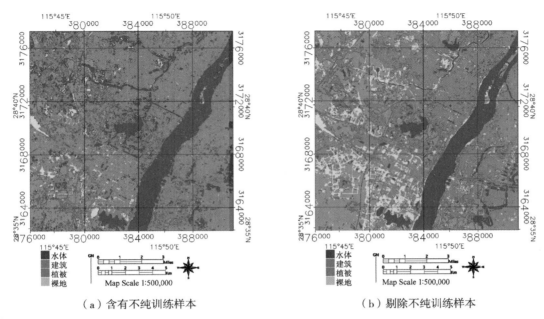

（a）含有不纯训练样本　　　　　　　（b）剔除不纯训练样本

图 4-14　多个不纯训练样本的 SVM 结果

8426/9324）、87.780%（即 3017/3437）和 78.929%（即 1356/1718）的未提纯训练样本；②基于混淆矩阵的未提纯训练样本的总体精度为 89.083%，但提纯训练样本的总体精度为 99.845%；③未提纯训练样本的 Kappa 系数为 0.832，明显小于提纯训练样本的 Kappa 系数（即 0.998）。可以发现，SVM 的提纯训练样本比未提纯训练样本具有更准确的结果。

表 4-17　含有多个不纯训练样本的 SVM 混淆矩阵

类别	水体	建筑	植被	裸地	总数
水体	10229	795	399	358	11781
建筑	479	8426	21	4	8930
植被	377	103	3017	0	3497
裸地	286	0	0	1356	1642
总数	11371	9324	3437	1718	25850

表 4-18　剔除多个不纯训练样本的 SVM 混淆矩阵

类别	水体	建筑	植被	裸地	总数
水体	3554	0	2	9	3565
建筑	0	6776	0	0	6776

类别	水体	建筑	植被	裸地	总数
植被	0	0	3433	4	3437
裸地	7	0	2	1705	1714
总数	3561	6776	3437	1718	15492

4.5.3　实验总结

实验中比较同一个分类器在不同异常训练样本数量时的分类结果如表 4-19 所示。在未提纯单个异常训练样本的情况下，可以发现 SVM 获得的总体精度和 Kappa 系数分别为 95.468% 和 0.934，而在采用 MAD 方法探测和提出不纯训练样本之后，SVM 分类结果的总体精度和 Kappa 系数分别为 99.022% 和 0.986。通过比较含有和剔除多个不纯训练样本的 SVM 分类结果可知，含有多个不纯训练样本的总体精度为 89.083%，Kappa 系数为 0.832，剔除多个不纯训练样本的总体精度为 99.845%，Kappa 系数为 0.998。同时比较单个和多个不纯训练样本的分类结果可以发现，含单个不纯训练样本的分类结果相对于多个不纯训练样本的分类结果较高，而在剔除所有不纯样本之后，剔除多个不纯样本的分类结果较高。根据表 4-19，一般而言，提纯训练样本中的表现优于未提纯训练样本，表明使用 MAD 方法对提纯训练样本具有可行性。因此，使用 MAD 提纯训练样本能够提高遥感影像监督分类的精度。

表 4-19　剔除不纯训练样本前后的总体精度和 Kappa 系数

样本类别	总体精度/%		Kappa 系数	
	单个	多个	单个	多个
不纯样本	95.468	89.083	0.934	0.832
提纯样本	99.022	99.845	0.986	0.998
提高效果	3.554	10.762	0.052	0.166

4.6　错选训练样本的实验结果与分析

4.6.1　单个错选训练样本的分类结果与分析

含有单个错选训练样本的分类结果显示在图 4-15(a) 中。可以发现，由于在水体样本中存在一个错选的训练样本，因此很难清楚地区分所有类别的像元。根据图 4-15(b) 中提纯训练样本的结果，可以清楚地观察到，由于使用提纯训练样本方法探测和剔除错选训练样本，所有类别的像元可以被准确地分类。

基于 SVM 的错选和提纯训练样本的混淆矩阵分别列于表 4-20 和表 4-21 中。很明显：①表 4-21 中提纯训练样本的水体、建筑、植被和裸地的生产者精度分别是 99.711%（即 2072/2078）、94.692%（即 1873/1978）、95.242%（即 2062/2165）和 98.146%（即 1376/1402），除建筑和裸地外明显高于表 4-20 对应的错选训练样本，分别是 91.242%（即 1896/2078）、97.422%（即 1927/1978）、84.342%（即 1826/2165）和 98.146%（即 1376/1402）；②错选训练样本的总体精度为 92.155%，但提纯错选训练样本的总体精度为 96.852%；③错选训练样本的 Kappa 系数为 0.895，明显小于提纯错选训练样本的 Kappa 系数（即 0.958）。

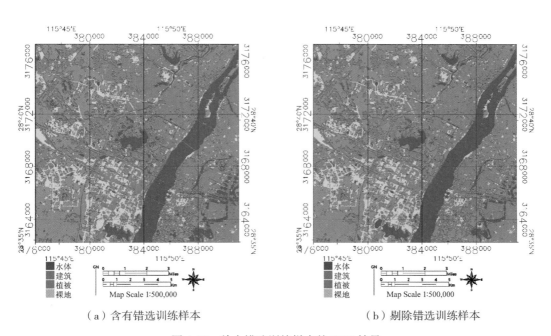

（a）含有错选训练样本　　　　　　　　（b）剔除错选训练样本

图 4-15　单个错选训练样本的 SVM 结果

表 4-20　含有单个错选训练样本的 SVM 混淆矩阵

类别	水体	建筑	植被	裸地	总数
水体	1896	0	236	0	2132
建筑	0	1927	103	19	2049
植被	0	0	1826	7	1833
裸地	182	51	0	1376	1609
总数	2078	1978	2165	1402	7623

表 4-21　剔除单个错选训练样本的 SVM 混淆矩阵

类别	水体	建筑	植被	裸地	总数
水体	2072	23	0	0	2095
建筑	6	1873	103	19	2001
植被	0	0	2062	7	2069
裸地	0	82	0	1376	1458
总数	2078	1978	2165	1402	7623

4.6.2　多个错选训练样本的分类结果与分析

含有多个错选训练样本的分类结果显示在图 4-16(a)中。可以发现，由于存在多个错选的训练样本，因此很难清楚地区分所有类别的像元。根据图 4-16(b)中的提纯错选训练样本的结果可以清楚地观察到，由于使用提纯训练样本方法探测和剔除错选训练样本，所有类别的像元可以被清楚地分类。

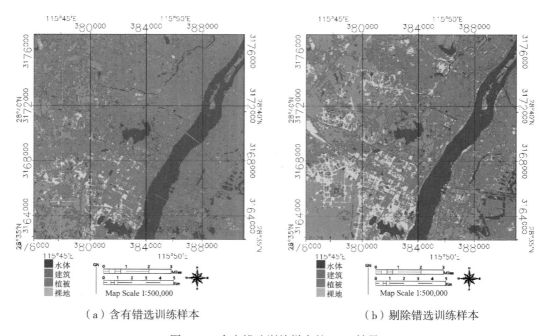

（a）含有错选训练样本　　　　　　　　（b）剔除错选训练样本

图 4-16　多个错选训练样本的 SVM 结果

基于 SVM 的错选和提纯训练样本的混淆矩阵分别列于表 4-22 和表 4-23 中。很明显：①表 4-23 中提纯训练样本的水体、建筑、植被和裸地的生产者精度分别是 100%（即 2078/2078）、97.573%（即 1930/1978）、99.307%（即 2150/2165）和 98.288%（即 1378/

1402），明显高于表 4-22 对应的错选训练样本，分别是 79.788%（即 1658/2078）、94.439%（即 1868/1978）、79.677%（即 1725/2165）和 67.475%（即 946/1402）；②错选训练样本的总体精度为 81.293%，但提纯训练样本的总体精度为 98.859%；③错选训练样本的 Kappa 系数为 0.748，明显小于提纯训练样本的 Kappa 系数（即 0.985）。

表 4-22　含有多个错选训练样本的 SVM 混淆矩阵

类别	水体	建筑	植被	裸地	总数
水体	1658	96	185	0	1939
建筑	420	1868	255	454	2997
植被	0	0	1725	2	1727
裸地	0	14	0	946	960
总数	2078	1978	2165	1402	7623

表 4-23　剔除多个错选训练样本的 SVM 混淆矩阵

类别	水体	建筑	植被	裸地	总数
水体	2078	28	0	0	2106
建筑	0	1930	15	15	1960
植被	0	0	2150	9	2159
裸地	0	20	0	1378	1398
总数	2078	1978	2165	1402	7623

4.6.3　实验总结

实验中比较同一个分类器在不同错选训练样本数量时的分类结果如表 4-24 所示。在未剔除单个错选训练样本的情况下，可以发现 SVM 获得的总体精度和 Kappa 系数分别为 92.155% 和 0.895，而在采用 MAD 方法探测和剔除错选训练样本之后，SVM 分类结果的总体精度和 Kappa 系数分别为 96.852% 和 0.958。通过比较含有和剔除多个错选训练样本的 SVM 分类结果可知，含有多个错选训练样本的总体精度为 81.293%，Kappa 系数为 0.748，剔除多个错选训练样本的总体精度为 98.859%，Kappa 系数为 0.985。同时比较单个和多个错选训练样本的分类结果可以发现，含单个错选训练样本的分类结果相对于多个错选训练样本的分类结果较高，而在剔除所有错选训练样本之后，剔除多个错选训练样本的分类结果较高。根据表 4-24，一般而言剔除了错选训练样本中的表现优于未剔除错选训练样本的表现，表明使用 MAD 方法提纯训练样本具有可行性。因此，使用 MAD 提纯训练样本能够提高遥感影像监督分类的精度。

表 4-24　剔除错选训练样本前后的总体精度和 **Kappa** 系数

样本类别	总体精度/%		Kappa 系数	
	单个	多个	单个	多个
不纯样本	92.155	81.293	0.895	0.748
提纯样本	96.852	98.859	0.958	0.985
提高效果	4.697	17.566	0.063	0.237

4.7　本章小结

在本章中，首先选取南昌部分地区为研究区，Landsat-8 卫星 OLI 传感器获得的影像为数据源，对实验数据进行预处理，再根据 MAD 对含有不纯的训练样本和错选的训练样本进行探测和剔除，使用具有代表性的分类器进行分类。由分类结果对比得出，剔除异常的训练样本在遥感影像监督分类中可以实现更合理的分类结果和更高的精度。实验结果表明：经 MAD 探测和剔除异常训练样本后，采用 SVM 进行分类，含有一个不纯样本的分类结果显示，总体精度从 95.468% 提高到 99.022%，Kappa 系数从 0.934 提高到 0.986；含有多个不纯样本的总体精度从 89.083% 提高到 99.845%，Kappa 系数从 0.832 提高到 0.998；含有一个错选样本的总体精度从 92.155% 提高到 96.852%，Kappa 系数从 0.895 提高到 0.958；含有多个错选样本的总体精度从 81.293% 提高到 98.859%，Kappa 系数从 0.748 提高到 0.985，剔除异常训练样本的精度和 Kappa 系数明显优于异常训练样本，证明了使用 MAD 可以有效地消除不纯训练样本和错选训练样本对分类结果的影响，从而得到更高的分类精度。

第 5 章　融合技术辅助遥感影像像素级分类

5.1　概述

随着传感器成像技术的迅速发展,可获得的影像信息也在日益丰富(李树涛等,2021)。单一传感器的遥感影像受限于光谱带宽和储存空间等因素的约束,无法同时满足高空间分辨率和高光谱分辨率。遥感影像融合技术能够较好地实现不同类型数据之间的优势互补和冗余控制,可有效服务于对地观测领域。合成孔径雷达(Synthetic Aperture Radar,SAR)是一种主动式的微波成像传感器,具有全天时、全天候工作的优势。此外,SAR 影像的后向散射能量直接反映土地覆盖的含水量、粗糙度和介电特性等信息,能够较好地表征各种土地覆盖类型的结构特征,有利于不同土地覆盖类型的识别(赵诣等,2019)。然而,SAR 影像通常会受到严重的相干斑噪声干扰,可解释性差。多光谱(Multi-Spectral,MS)影像包含丰富的光谱信息,具有较好的可解释性,可根据不同地物的光谱特性进行分类,但其成像过程依赖于地球表面物体的太阳光照射,同时较差的空间分辨率使其无法有效体现各种地物的结构特征(Xu et al.,2021)。因此,多光谱和 SAR 影像可以提供同一区域不同模态的互补信息,两者优势的有效结合有助于对影像区域的解译和理解(Gong et al.,2023;Gong et al.,2024)。

遥感影像融合方法主要包括成分替换方法、多尺度变换方法、基于模型方法和混合方法四大类(Kulkarni et al.,2020)。其中经典的成分替换方法有亮度-色度-饱和度变换(Intensity-Hue-Saturation,IHS)(陈应霞等,2019)、主成分分析(Principal Component Analysis,PCA)(Wasilowska et al.,2017)和 Gram-Schmidt(GS)(童莹萍,2022)等。该类方法具有较好的空间表达能力,但是存在较严重的光谱扭曲现象(Wu et al.,2022)。小波变换(Wavelet Transform,WT)(Daniel et al.,2018)、曲波变换(Curvelet Transform,CT)(Arif et al.,2020)、双树复小波变换(Dual Tree Complex Wavelet Transform,DTCWT)(Aishwarya et al.,2018)、非下采样轮廓波变换(Non-Subsampled Contourlet Transform,NSCT)(Wang et al.,2021)和非下采样剪切波变换(Non-Subsampled Shearlet Transform,NSST)(侯昭阳等,2023)等都是较常用的多尺度变换方法。该类融合方法能够较好地抑制光谱扭曲现象,但是其融合性能除了受多尺度分解结构影响外,很大程度上依赖于不同子带融合规则的设计。基于模型方法主要有变分模型和稀疏表示模型,其中稀疏表示模型的稀疏编码和字典创建是一个复杂的过程,同时稀疏字典的高冗余性会导致运算成本过大。混合方法通常为前几类融合方法的结合形式,综合利用各类融合方法的优势。

因此,本章将成分替换方法和多尺度变换方法混合,综合利用 IHS 变换的空间保留能力和 NSST 的光谱保真优势，其中 NSST 虽然能够有效地抑制光谱信息的丢失，但是获得优秀的融合结果还需对不同子带的融合规则进行合理设计。目前，多尺度变换方法的融合规则通常根据局部特征信息进行设计，例如局部能量、局部空间频率和局部拉普拉斯等。这些局部特征信息关注的影像特征单一，无法有效兼顾影像结构信息的保持和细节信息的提取。同时，脉冲耦合神经网络(Pulse Coupled Neural Network，PCNN)由于具有脉冲同步、全局耦合等特性被广泛用于高频子带融合规则的设计，但是该模型存在参数设置复杂和空间相关性差等问题。

综合考虑以上问题，本章提出一种结合改进 Laplacian 能量和参数自适应双通道单位连接 PCNN(Unit-Linking PCNN，ULPCNN)的遥感影像融合方法(龚循强等，2023)。该方法在 NSST 的基础上重点对低频和高频子带的融合规则进行设计，这也是多尺度变换方法提高融合性能的关键。其中对低频子带采用结合加权局部能量(Weighted Local Energy，WLE)和八邻域修正拉普拉斯加权和(Weighted Sum of Eight-Neighborhood-Based Modified Laplacian，WSEML)的规则，综合考虑结构信息和细节信息的提取，减少由于融合规则设置的单一性造成的信息丢失现象。高频子带则采用参数自适应双通道 ULPCNN 模型进行融合，根据高频子带的多尺度形态梯度(Multi-Scale Morphological Gradient，MSMG)调制链接强度，再利用 Otsu 阈值和影像强度来实现其他参数的自适应选择，从而解决传统 PCNN 中参数设置复杂的问题，同时提高融合影像的空间相关性。选择两个区域的数据对本章方法和 13 种其他融合方法进行对比实验，使用 11 种评价指标对融合结果进行定量评价。选择随机森林(Random Forest，RF)分类器对原多光谱影像、14 种融合方法分别得到的融合影像进行土地覆盖分类，并根据总体精度(Overall Accuracy，OA)和 Kappa 系数(Kappa Coefficient，KC)比较它们的分类结果。

5.2 一种多光谱与 SAR 的遥感影像融合方法

由于本章方法重点对低频和高频子带的融合规则进行设计，因此有必要对低频和高频子带的融合规则进行介绍。

5.2.1 WLE 和 WSEML

低频子带体现了影像的整体结构，包含影像的大部分能量。传统的低频子带融合方法中通常根据能量信息对影像的活动水平进行度量，往往会忽略低频子带中的部分细节信息。虽然 NSST 可以将绝大多数的细节信息分到高频子带，但是由于受 NSST 的分解层数限制，无法将细节信息完全归入高频子带。为了保证原始影像结构信息的保留和细节信息的提取，低频子带系数采用 WLE 和 WSEML 进行融合，其中，WSEML 是对 Laplacian 能量的改进，WLE 辅助 WSEML 进行信息提取，WLE 主要度量影像的结构信息，WSEML 主要度量影像的细节信息。WLE 的表达式为

$$\text{WLE}^X(i, j) = \sum_{m=-r}^{r} \sum_{n=-r}^{r} \boldsymbol{W} \times (m+r+1, n+r+1) I^X(i+m, j+n)^2 \quad (5\text{-}1)$$

式中，$I^X(i, j)$ 表示位置(i, j)处影像X的像素，其中$X \in (A, B)$；$\boldsymbol{W}$为$(2r+1) \times (2r+$

1) 的权矩阵，其中 $\boldsymbol{W}$ 的每个元素值都被设置为 2^{2r-d}，r 为矩阵 $\boldsymbol{W}$ 的半径，d 为相应元素到

矩阵中心的四邻域距离。例如，当 r 设置为 1 时，归一化矩阵 $\boldsymbol{W}$ 可表示为 $\dfrac{1}{16}\begin{bmatrix} 1 & 2 & 1 \\ 2 & 4 & 2 \\ 1 & 2 & 1 \end{bmatrix}$。

八邻域修正拉普拉斯算子(Eight-Neighborhood-Based Modified Laplacian，EML)考虑了对角系数的影响，可以充分利用邻域信息。WSEML 是对 EML 的加权表示，表达式为

$$
\left.\begin{aligned}
\text{WSEML}^X(i, j) &= \sum_{m=-r}^{r} \sum_{n=-r}^{r} W \times (m+r+1, n+r+1) \times \text{EML}^X(i+m, j+n) \\
\text{EML}(i, j) &= |2I(i, j) - I(i-1, j) - I(i+1, j)| + |2I(i, j) - I(i, j-1) - \\
&\quad I(i, j+1)| + \frac{1}{\sqrt{2}}|2I(i, j) - I(i-1, j-1) - I(i+1, j+1)| + \\
&\quad \frac{1}{\sqrt{2}}|2I(i, j) - I(i-1, j+1) - I(i+1, j-1)|
\end{aligned}\right\}
$$
(5-2)

5.2.2 参数自适应双通道单位连接 PCNN

高频子带系数包含大量的纹理细节和边缘信息，直接体现影像的清晰度。PCNN 常用于高频子带融合规则的设计，主要由感受域、调制域和脉冲发生器三个部分组成。ULPCNN 是 PCNN 的改进模型，简化了模型结构，减少了参数设置，使得整个模型的脉冲传播行为易于分析和控制。由于遥感影像融合是对两幅影像进行处理，单一通道的 PCNN 需要对每幅影像分别进行一次处理，结构复杂，效率低下。然而，双通道 PCNN 可以很好地解决这一问题，故在 ULPCNN 的基础上改进得到双通道 ULPCNN，其模型的架构如图 5-1 所示，数学表达式为

$$
\left.\begin{aligned}
&F_{ij}^A(n) = S_{ij}^A, \quad F_{ij}^B(n) = S_{ij}^B \\
&L_{ij}(n) = \begin{cases} 1 & \text{if} \quad \sum_{kl} Y_{kl}(n-1) > 0 \\ 0 & \text{otherwise} \end{cases} \\
&U_{ij}(n) = \max \begin{cases} F_{ij}^A(n)\,[1 + \beta^A L_{ij}(n)], \\ F_{ij}^B(n)\,[1 + \beta^B L_{ij}(n)] \end{cases} \\
&Y_{ij}(n) = \begin{cases} 1 & \text{if} \quad U_{ij}(n) > E_{ij}(n-1) \\ 0 & \text{otherwise} \end{cases} \\
&E_{ij}(n) = e^{-\alpha_\eta} E_{ij}(n-1) - \Delta + V_E Y_{ij}(n)
\end{aligned}\right\}
$$
(5-3)

式中，$F_{ij}^X(n)$、$L_{ij}(n)$、$U_{ij}(n)$、$Y_{ij}(n)$ 和 $E_{ij}(n)$ 分别为第 n 次迭代时位置(i, j)处神经元的反馈输入、链接输入、内部活动项、输出结果和动态阈值，其中 $X \in (A, B)$；S_{ij}^A 和 S_{ij}^B 分别为影像 A 和影像 B 在位置(i, j)处的外部刺激，即影像相对位置的灰度值；$k, l \in N(i, j)$，$N(i, j)$ 为位置(i, j)处神经元的邻域；β^A 和 β^B 分别为对应于 S_{ij}^A 和 S_{ij}^B 的链接强

度；α_η、V_E 分别为动态阈值的衰减系数和振幅系数；Δ 为一个足够小的正常数，用来控制动态阈值的下降幅度。该模型的空间相关性较差且参数设置复杂，需要对模型参数进行自适应表示。

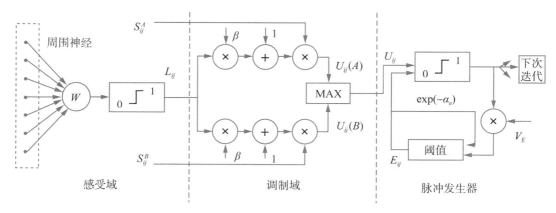

图 5-1　双通道 ULPCNN 模型的结构图

由式(5-3)可知双通道 ULPCNN 主要存在 4 个参数，即 β^A、β^B、α_η 和 V_E。较之 SF 和 SML 等活动度量，MSMG 具有更大的离散度，因此能够更好地表达影像的清晰度。此外，MSMG 可以为影像提供更高的归一化值，因此比其他活动度量具有更高的预测率(Zhang et al.,2022)。选择高频子带的 MSMG 作为模型的链接强度，可以更好地量化影像的清晰度，增强影像的空间相关性。其表达式为

$$\left.\begin{aligned}\beta^X(i,\ j) &= \sum_{t=1}^{N} w_t(I^X(i,\ j) \oplus \widehat{SE}_t - I^X(i,\ j) \odot \widehat{SE}_t) \\ \widehat{SE}_t &= \underbrace{\widehat{SE} \oplus \widehat{SE} \oplus \cdots \oplus \widehat{SE}}_{t},\ t \in \{1,\ 2,\ \cdots,\ T\}\end{aligned}\right\} \tag{5-4}$$

式中，$I^X(i,\ j)$ 表示位置$(i,\ j)$处影像 X 的像素，其中 $X \in (A,\ B)$；$\widehat{SE}$ 为基本结构元素，$\widehat{SE}$ 的半径设置为3(Zhang et al.，2017)；尺度t的结构元素半径设置为$2t+1$；T为总尺度数；$\oplus$ 和 $\odot$ 分别表示形态膨胀和腐蚀算子；$w_t = 1/(2t+1)$ 表示第 t 尺度梯度的权重。参数 V_E 和 α_η 则根据 Otsu 阈值和影像强度进行设置(Yin et al.，2018)，设置规则为

$$\left.\begin{aligned}V_E &= e^{-\alpha_f} + 1 + \lambda \\ \alpha_\eta &= \ln\left(\frac{V_E/(w_1 S_{\text{Otsu}}^A + w_2 S_{\text{Otsu}}^B)}{(1 - e^{-3\alpha_f})/(1 - e^{-\alpha_f}) + \lambda e^{-\alpha_f}}\right) \\ \alpha_f &= \lg(1/(w_1 \sigma^A(S) + w_2 \sigma^B(S))) \\ \lambda &= w_1 S_{\text{max}}^A / S_{\text{Otsu}}^A + w_2 S_{\text{max}}^B / S_{\text{Otsu}}^B - 1 \\ w_1 &= w_A/(w_A + w_B),\ w_2 = w_B/(w_A + w_B)\end{aligned}\right\} \tag{5-5}$$

式中，$\sigma^A(S)$ 和 $\sigma^B(S)$ 分别表示影像 A 和影像 B 的标准差；S_{Otsu}^A 和 S_{Otsu}^B 分别表示影像 A 和影像 B 根据 Otsu 方法确定的最优直方图阈值（Hou et al.，2023）；S_{max}^A 和 S_{max}^B 分别表示影像 A 和影像 B 的最大强度；w_A 和 w_B 分别表示影像 A 和影像 B 的 MSMG（Zhang et al.，2017）。

5.2.3 方法步骤

本章将成分替换方法的 IHS 变换和多尺度变换方法的 NSST 相结合，综合了两种方法分别在空间信息和光谱信息方面的优势。再对 NSST 不同子带的融合规则进行设计，提高能量保持能力和细节提取能力，并优化 PCNN 模型，解决 PCNN 模型参数设置复杂和空间相关性差等问题。实验步骤主要包括 IHS 变换、NSST 分解、低频子带融合、高频子带融合、NSST 重建和 IHS 逆变换 6 个部分。本章方法的流程如图 5-2 所示，主要实现步骤如下：

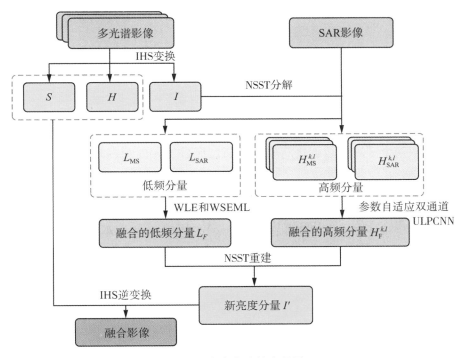

图 5-2　本章方法的流程图

（1）IHS 变换。对多光谱影像 I_{MS} 进行 IHS 变换，得到 3 个分量：亮度 I、色度 H 和饱和度 S。

（2）NSST 分解。将亮度分量 I 和 SAR 影像 I_{SAR} 采用 NSST 进行多尺度分解，分别得到低频子带系数 $\{L_{SAR}, L_{MS}\}$ 和高频子带系数 $\{H_{SAR}^{l,k}, H_{MS}^{l,k}\}$，其中 l、k 分别代表分解级数和方向。

（3）低频子带融合。根据式（5-1）式（5-2），结合 WLE 和 WSEML 对低频子带系数 L_{SAR} 和 L_{MS} 进行融合，得到融合低频子带系数 $L_F(i, j)$，表达式为

$$L_F(i, j) = \begin{cases} L_{SAR}(i, j) & \text{if} \quad \text{WLE}_{SAR}(i, j) \cdot \text{WSEML}_{SAR}(i, j) \\ & \geqslant \text{WLE}_{MS}(i, j) \cdot \text{WSEML}_{MS}(i, j) \\ L_{MS}(i, j) & \text{otherwise} \end{cases} \tag{5-6}$$

（4）高频子带融合。由式(5-3)～式(5-5)，采用参数自适应双通道 ULPCNN 模型对高频子带系数 $H_{SAR}^{l, k}$ 和 $H_{MS}^{l, k}$ 进行融合。通过比较高频子带 $H_{SAR}^{l, k}$、$H_{MS}^{l, k}$ 的内部活动项 $U_{SAR, ij}^{l, k}(N)$、$U_{MS, ij}^{l, k}(N)$ 来评价高频系数的活跃程度，其中 N 为总迭代次数。高频子带系数的融合公式为

$$H_F^{l, k}(i, j) = \begin{cases} H_{SAR}^{l, k}(i, j), & \text{if} \quad U_{SAR, ij}^{l, k}(N) \geqslant U_{MS, ij}^{l, k}(N) \\ H_{MS}^{l, k}(i, j), & \text{otherwise} \end{cases} \tag{5-7}$$

（5）NSST 重建。对融合后的低频和高频融合系数进行 NSST 逆变换，得到新的亮度分量 I'。

（6）IHS 逆变换。将融合得到的新亮度分量 I' 和其他 2 个分量 H 和 S 进行 IHS 逆变换，最终获得融合影像。

5.3　实验设计

5.3.1　实验数据

本研究选取两个区域的数据进行实验分析，区域 1 为内蒙古某机场的多光谱和 SAR 影像的实验数据，该数据来源于航空遥感系统，主要包括道路、建筑物、林地、草地和裸地 5 种土地覆盖类型。区域 2 的多光谱影像从谷歌地球获得，SAR 影像为高分三号卫星影像，主要包括道路、建筑物、林地、草地和水体 5 种土地覆盖类型。多光谱和 SAR 影像经过降噪和配准等预处理操作后，具有相同的空间位置和像素大小，其中区域 1 的影像像素大小为 400×600，数据如图 5-3(a)和图 5-3(b)所示，区域 2 的影像像素大小为 500×500，数据如图 5-4(a)和图 5-4(b)所示。5 种土地覆盖类型的样本分别选取了 100 个，均匀地分布于整个研究区域，其中每种土地覆盖类型中随机选取 50 个作为训练样本，剩余 50 个作为验证样本。

5.3.2　对比方法

为了更好地说明实验效果，将本章方法与 13 种其他方法进行比较，其中包括：3 种经典的多尺度变换方法，即曲波变换(curvelet)、DTCWT 和 NSCT(Liu et al.，2015)；3 种基于稀疏表示理论的融合方法，即自适应稀疏表示(Adaptive Sparse Representation，ASR)(Liu et al.，2015)、卷积稀疏表示(Convolutional Sparse Representation，CSR)(Liu et al.，2016)和卷积稀疏性形态分量分析方法(Convolution Sparsity and Morphological Component Analysis，CSMCA)(Liu et al.，2019)；3 种基于边缘保持滤波的融合方法，即交叉双边滤波(Cross Bilateral Filtering，CBF)(Sheryamsha et al.，2015)、滚动导向滤波(Rolling Guidance Filtering，RGF)(Jian et al.，2018)和梯度转移滤波(Gradient Transfer Filtering，GTF)

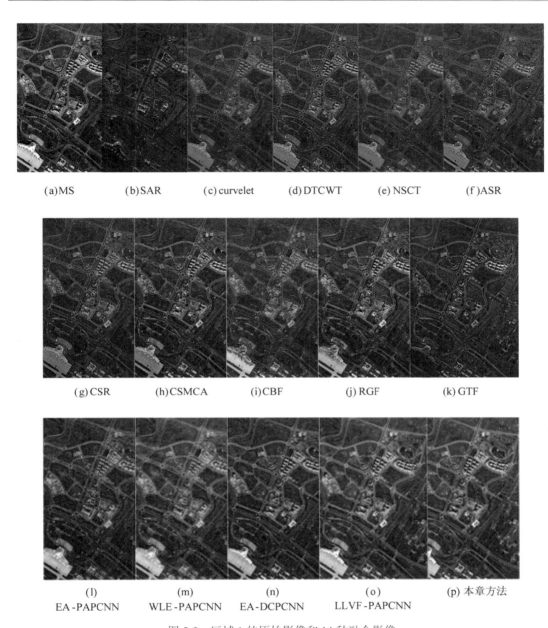

(a)MS   (b)SAR   (c)curvelet   (d)DTCWT   (e)NSCT   (f)ASR

(g)CSR   (h)CSMCA   (i)CBF   (j)RGF   (k)GTF

(l)
EA-PAPCNN   (m)
WLE-PAPCNN   (n)
EA-DCPCNN   (o)
LLVF-PAPCNN   (p)本章方法

图 5-3　区域 1 的原始影像和 14 种融合影像

（Ma et al.，2016）；4 种结合多尺度变换和 PCNN 模型的融合方法，即结合能量属性（Energy Attribute，EA）和参数自适应 PCNN（Parameter Adaptive PCNN，PAPCNN）的 NSST 域融合方法（EA-PAPCNN）（成飞飞等，2021）、结合 WLE 和 PAPCNN 的 NSST 域融合方法（WLE-PAPCNN）（Yin et al.，2018）、结合 EA 和双通道 PCNN 的 NSST 域融合方法（EA-DCPCNN）（Tan et al.，2020），以及结合低级视觉特征和 PAPCNN 的 NSST 域融合方法（Low-Level Visual Features-PAPCNN，LLVF-PAPCNN）（侯昭阳等，2023）。为了保证实验

的严谨性，本章方法与对比方法选择相同的实验环境。同时，这些对比方法中的所有参数都按照其作者给出的默认值进行设置。本章方法中的分解滤波器为 maxflat，分解程度为 4 级，参数自适应双通道 ULPCNN 的迭代次数设置为 110（Yin et al.，2018；成飞飞等，2021；Panigrahy et al.，2020）。

5.3.3　评价指标

定性评价主要是通过人眼的视觉系统进行观测，依据专家知识库对融合后影像目视效果、纹理细节、色彩信息、空间结构等方面进行比较分析，对每组融合结果做出主观性的评价。定量评价是通过评价指标对实验结果进行客观性的评价，实验中选取了信息熵（Information Entropy，IE）、互信息量（Mutual Information，MI）、平均梯度（Average Gradient，AG）、空间频率（Spatial Frequency，SF）、空间相关系数（Spatial Correlation Coefficient，SCC）、光谱扭曲度（Spectral Distortion，SD）、光谱角制图（Spectral Angle Mapper，SAM）、相对整体维数综合误差（ERGAS，源于法语"Erreur Relative Globale Adimensionnelle de Synthèse"）、结构相似性（Structural Similarity，SSIM）、峰值信噪比（Peak Signal-to-ratio，PSNR）和无参考质量指标（Quality with No Reference，QNR）等 11 个评价指标。

5.4　实验结果与分析

为了对实验结果进行全面的评价，分别从主观定性和客观定量两个方面对所有融合结果进行对比分析，接着根据分类结果图和分类精度对土地覆盖分类结果进行分析。

5.4.1　定性评价

图 5-3 和图 5-4 中的（c）~（p）依次显示了 13 种对比方法和本章方法的融合结果。图 5-5 和图 5-6 中的（a）~（n）依次显示了所有融合结果对应的误差图像，其中误差图像是根据 SAM 指标计算得到的。通过目视分析可以看出，在 3 种经典的多尺度变换方法中，curvelet 和 DTCWT 两种方法的空间分辨率得到了明显的提高，清晰度较好，但是存在较为严重的光谱失真现象，较原多光谱影像明显偏暗。NSCT 由于融合规则设计简单，对空间细节的描述和光谱信息的保留效果都不理想。基于稀疏表示理论的 3 种方法中，ASR 和 CSR 两种方法的空间分辨率和光谱分辨率都很低，特别是道路和建筑物的边缘出现明显的模糊现象，影像整体颜色偏灰偏红。CSMCA 的形态分量分析有助于空间信息和光谱信息的提取，较 ASR 和 CSR 的融合质量有明显的提高，但是融合质量提高的能力有限，还有较大提升空间。3 种基于边缘保持滤波的方法中，CBF 和 GTF 的细节表达不佳，光谱扭曲严重，部分区域的细节和光谱信息丢失严重，几乎无法正确反映该区域的实际特征。RGF 通过滚动滤波的形式提高了融合影像的细节信息和边缘信息的保留能力，但是在光谱保真方面的改善并不明显。在 4 种基于结合多尺度变换和 PCNN 模型的融合方法中，EA-PAPCNN 在细节表达和光谱保真上都没有优势，WLE-PAPCNN 和 EA-DCPCNN 在空间

和光谱信息提取上优势不大，LLVF-PAPCNN 对空间分辨率和光谱分辨率的提升能力较强，光谱信息表达准确。总体分析，本章方法的清晰度最高，能够清晰地表现出道路边缘和建筑物结构等特征，同时与原多光谱影像的光谱信息最接近，融合效果最好。根据误差图像可以看出，在区域 1 中 EA-DCPCNN 和本章方法相对于其他对比方法的误差较小，在区域 2 中 WLE-PAPCNN、LLVF-PAPCNN 和本章方法的误差相对不明显。

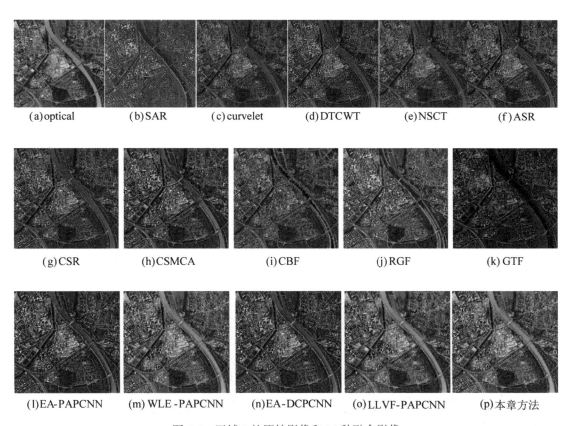

| (a)optical | (b)SAR | (c)curvelet | (d)DTCWT | (e)NSCT | (f)ASR |

| (g)CSR | (h)CSMCA | (i)CBF | (j)RGF | (k)GTF |

| (l)EA-PAPCNN | (m)WLE-PAPCNN | (n)EA-DCPCNN | (o)LLVF-PAPCNN | (p)本章方法 |

图 5-4 区域 2 的原始影像和 14 种融合影像

5.4.2 定量评价

定性评价是一种依据专家知识库的主观性评价方式，受限于人眼视觉感知，主观性较大，因此还需结合定量评价指标进行客观、全面的评价。定量评价主要根据信息量、空间信息和光谱信息等几个方面展开。表 5-1 和表 5-2 分别列出了区域 1 和区域 2 对所有方法的定量评价结果。其中"↑"表示数值越大越好，"↓"表示数值越小越好，粗体表示最优值，下划线表示次优值，"—"表示该值无实际意义。

表 5-1 中区域 1 融合影像的定量评价结果显示，在基于影像信息量的评价指标 IE 和 MI 上，排名前三的方法依次是本章方法、LLVF-PAPCNN 和 WLE-PAPCNN，其中本章方法较排名第二的 LLVF-PAPCNN 分别提高 0.013 和 0.0.60，较排名第三的 WLE-PAPCNN

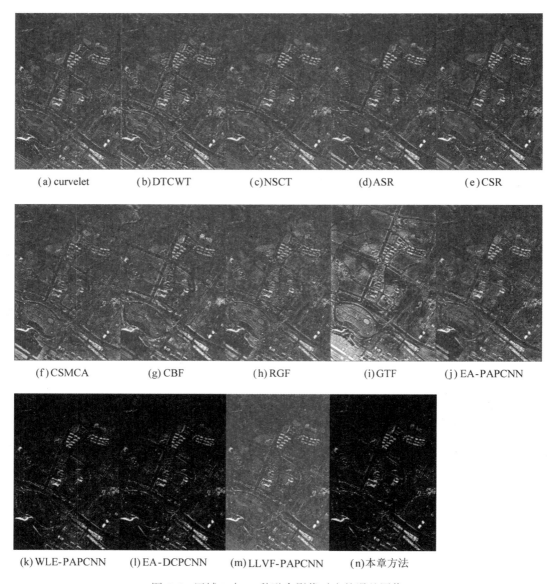

(a) curvelet　　　(b)DTCWT　　　(c)NSCT　　　(d)ASR　　　(e)CSR

(f)CSMCA　　　(g)CBF　　　(h)RGF　　　(i)GTF　　　(j)EA-PAPCNN

(k)WLE-PAPCNN　　(l)EA-DCPCNN　　(m)LLVF-PAPCNN　　(n)本章方法

图 5-5　区域 1 中 14 种融合影像对应的误差图像

分别提高 0.111 和 0.228，体现出本章方法具有保留更多有用信息的能力。本章方法在 AG、SF 和 SCC 3 个评价影像空间质量的指标上都表现为最优，次优值则分别出现于 curvelet 和 DTCWT，相比于次优值，本章方法分别提高了 1.421、3.343 和 0.003，表明本章方法能够较好地提取影像纹理细节信息和边缘轮廓信息。SD、SAM 和 ERGAS 是衡量融合影像与原多光谱影像之间光谱扭曲程度的指标，值越小扭曲程度越小，融合效果就越好。在这 3 个指标上，本章方法的表现较其他 13 种方法具有明显的优势，其中本章方法较 LLVF-PAPCNN 分别降低了 2.080、0.092 和 0.943，说明本章方法的光谱保真度高。

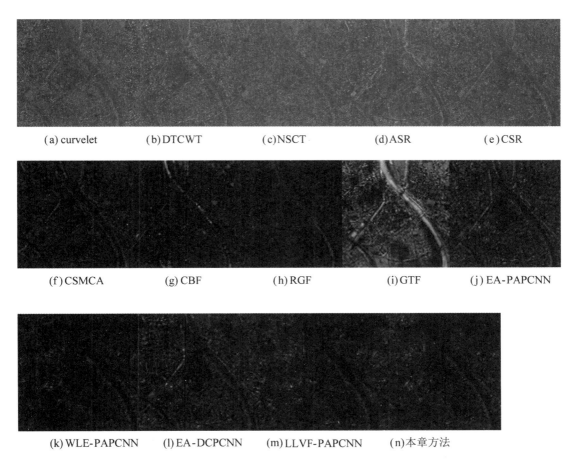

(a) curvelet　　(b) DTCWT　　(c) NSCT　　(d) ASR　　(e) CSR

(f) CSMCA　　(g) CBF　　(h) RGF　　(i) GTF　　(j) EA-PAPCNN

(k) WLE-PAPCNN　　(l) EA-DCPCNN　　(m) LLVF-PAPCNN　　(n) 本章方法

图 5-6　区域 2 中 14 种融合影像对应的误差图像

SSIM 指标评价了融合影像与原始影像之间的结构相关性，除 RGF 外所有方法都表现出不错的效果，其中本章方法表现得最为突出。评价指标 PSNR 上，只有本章方法、LLVF-PAPCNN 和 EA-DCPCNN 超过了 20，其他方法则大多分布在 17 和 18 左右，较之 LLVF-PAPCNN，本章方法提高了 1.209。对于评价指标 QNR，本章方法略次于 LLVF-PAPCNN。总体来看，本章方法在所选的 11 个指标上，有 10 个指标表现为最优，一个指标为次优，且在大多数指标上具有明显优势。

区域 2 和区域 1 的总体评价结果相似。由表 5-2 的定量评价结果可知，本章方法仅在 QNR 评价指标上表现为次优，在其他 10 个评价指标上均表现为最优，较其他 13 种对比方法具有明显的优势。相较于所有评价指标上的次优值，本章方法在 IE、MI、AG、SF、SCC、SD、SAM、ERGAS、SSIM 和 PSNR 10 个评价指标上分别优化了 0.008、0.082、1.183、0.920、0.001、6.023、0.065、2.014、0.004 和 1.693，表明本章方法含有丰富的信息，具有较高的空间分辨率和光谱分辨率，与原始影像的结构相似度高。

表 5-1 区域 1 融合影像的定量评价结果

方法	IE↑	MI↑	AG↑	SF↑	SCC↑	SD↓	SAM↓	ERGAS↓	SSIM↑	PSNR↑	QNR↑
MS	6.468	—	18.301	39.204	—	—	—	—	—	—	—
SAR	6.500	—	15.727	32.427	—	—	—	—	—	—	—
curvelet	6.886	13.773	19.635	39.018	0.554	24.906	4.252	16.272	0.542	17.231	0.590
DTCWT	6.950	13.900	19.363	39.469	0.573	23.282	4.285	15.064	0.532	17.876	0.683
NSCT	6.804	13.607	17.449	34.803	0.539	24.822	3.863	16.358	0.568	17.211	0.538
ASR	6.882	13.794	16.078	34.599	0.471	25.286	3.715	16.273	0.534	16.780	0.507
CSR	6.916	13.831	17.319	36.356	0.533	24.066	4.098	15.442	0.537	17.628	0.624
CSMCA	7.039	14.078	18.125	38.423	0.556	21.797	4.437	13.486	0.521	18.611	0.714
CBF	6.965	13.932	16.948	35.547	0.536	18.205	3.991	12.491	0.548	18.891	0.715
RGF	6.966	13.932	18.143	38.871	0.521	23.199	4.251	14.126	0.480	18.722	0.615
GTF	6.533	13.066	16.085	34.641	0.430	33.210	8.016	29.870	0.436	14.648	0.627
EA-PAPCNN	7.077	14.154	18.526	37.370	0.511	27.219	4.740	16.476	0.556	16.371	0.387
WLE-PAPCNN	7.207	14.416	19.058	38.603	0.569	22.917	3.432	12.359	0.528	17.652	0.468
EA-DCPCNN	7.116	14.234	18.945	39.256	0.544	17.650	3.852	9.891	0.545	20.895	0.703
LLVF-PAPCNN	7.305	14.584	19.346	38.055	0.534	12.441	2.389	6.858	0.550	22.342	**0.739**
本章方法	**7.318**	**14.644**	**21.056**	**42.812**	**0.576**	**10.361**	**2.297**	**5.915**	**0.578**	**23.551**	0.715

表 5-2 区域 2 融合影像的定量评价结果

方法	IE↑	MI↑	AG↑	SF↑	SCC↑	SD↓	SAM↓	ERGAS↓	SSIM↑	PSNR↑	QNR↑
MS	7.595	—	29.283	52.934	—	—	—	—	—	—	—
SAR	7.088	—	27.343	56.000	—	—	—	—	—	—	—
curvelet	7.304	14.610	32.254	58.718	0.634	38.376	4.082	16.048	0.546	14.342	0.438
DTCWT	7.304	14.613	31.860	59.259	0.650	40.495	4.270	17.255	0.530	13.723	0.427
NSCT	7.235	14.471	30.043	55.247	0.657	36.040	3.413	14.869	0.569	15.014	0.437
ASR	7.310	14.622	27.143	50.321	0.661	33.789	3.610	13.988	0.540	15.605	**0.601**
CSR	7.298	14.601	29.834	56.436	0.661	37.969	3.771	15.982	0.533	14.332	0.473
CSMCA	7.359	14.727	30.097	56.708	0.640	37.224	4.130	15.676	0.520	14.403	0.550
CBF	7.323	14.646	28.477	52.188	0.622	33.519	3.186	15.069	0.533	14.561	0.515
RGF	7.395	14.804	31.291	58.612	0.601	34.990	2.673	14.338	0.486	13.736	0.499
GTF	6.938	13.877	25.874	47.198	0.499	52.182	10.005	30.092	0.379	12.419	0.384
EA-PAPCNN	7.368	14.742	32.827	60.556	0.663	41.416	4.875	16.794	0.578	13.767	0.350
WLE-PAPCNN	7.547	15.101	32.513	59.313	0.660	29.254	2.638	10.614	0.568	15.515	0.497
EA-DCPCNN	7.355	14.713	30.620	56.897	0.652	38.354	4.613	15.825	0.543	14.273	0.457
LLVF-PAPCNN	7.562	15.130	31.758	58.333	0.625	29.167	2.802	11.138	0.549	15.383	0.506
本章方法	**7.603**	**15.212**	**34.010**	**61.476**	**0.664**	**23.144**	**2.573**	**8.600**	**0.582**	**17.298**	0.555

5.5 土地覆盖分类结果分析

区域 1 的土地覆盖类型主要有道路、建筑物、林地、草地和裸地，分别用红色、黄色、深绿色、浅绿色和深褐色表示。区域 2 的土地覆盖类型主要有道路、建筑物、林地、水域和裸地，分别用红色、黄色、深绿色、蓝色和褐色表示。选择 RF 分类器对原多光谱影像、所有方法的融合影像进行地物覆盖分类，并根据 OA 和 KC 对分类结果进行评价。为了保证实验的严谨性，所有融合影像在进行土地覆盖分类时都选择相同的训练样本和实验环境。区域 1 和区域 2 中各种融合影像的土地覆盖分类结果分别见图 5-7 和图 5-8，土地覆盖分类精度分别见表 5-3 和表 5-4。

表 5-3 区域 1 的土地覆盖分类精度

指标	MS	curvelet	DTCWT	NSCT	ASR	CSR	CSMCA	CBF
OA	85.911%	84.756%	86.517%	88.617%	92.884%	86.926%	86.961%	83.753%
KC	0.819	0.803	0.826	0.853	0.903	0.831	0.831	0.790

指标	RGF	GTF	EA-PAP-CNN	WLE-PAP-CNN	EA-DCP-CNN	LLVF-PAP-CNN	本章方法	
OA	86.482%	78.097%	86.109%	87.625%	89.177%	89.748%	**94.261%**	
KC	0.825	0.716	0.821	0.840	0.860	0.868	**0.926**	

表 5-4 区域 2 的土地覆盖分类精度

指标	MS	curvelet	DTCWT	NSCT	ASR	CSR	CSMCA	CBF
OA	83.041%	85.874%	85.352%	86.396%	86.470%	87.067%	85.539%	85.166%
KC	0.780	0.818	0.812	0.825	0.826	0.833	0.814	0.809

指标	RGF	GTF	EA-PAP-CNN	WLE-PAP-CNN	EA-DCP-CNN	LLVF-PAP-CNN	本章方法	
OA	85.837%	84.620%	84.901%	86.955%	84.532%	89.768%	**89.937%**	
KC	0.817	0.797	0.805	0.832	0.800	0.870	**0.871**	

由图 5-7 和图 5-8 可以看出，原始多光谱影像由于具有较高的光谱特性，使得分类结果中同一地物覆盖类型相对聚集，但是较低的空间分辨率使得分类结果的细节区分不佳，特别是建筑物的边缘结构显得比较粗糙。各种融合影像的分类结果由于结合了 SAR 影像的空间

信息，对细节特征的刻画都较原多光谱信息突出，但是 SAR 影像中不可避免的相干斑噪声使分类结果出现了不同程度的斑点现象。其中本章方法融合影像的分类结果较精细地区分出不同土地覆盖类型的边缘，同时斑点现象最弱，较好地区分出不同的土地覆盖类型。

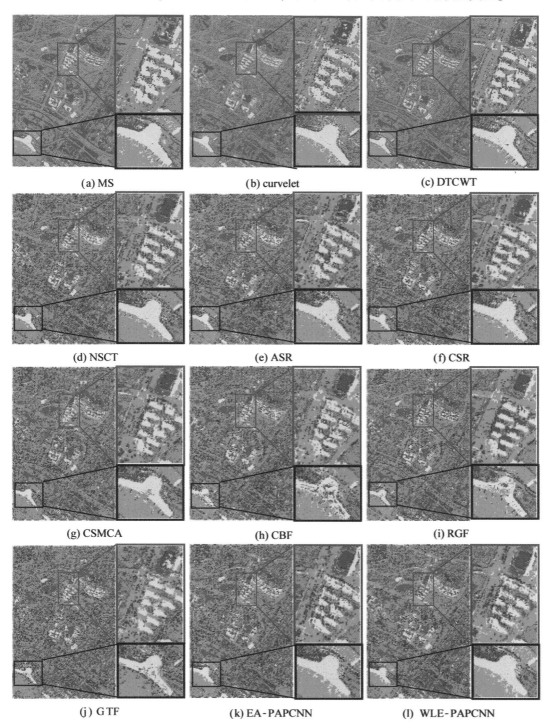

(a) MS (b) curvelet (c) DTCWT

(d) NSCT (e) ASR (f) CSR

(g) CSMCA (h) CBF (i) RGF

(j) GTF (k) EA-PAPCNN (l) WLE-PAPCNN

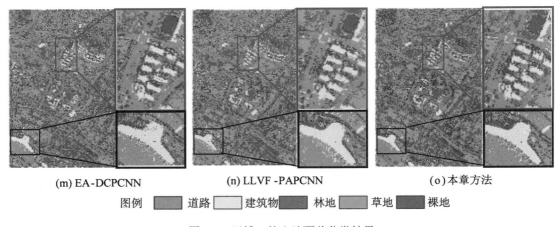

（m）EA-DCPCNN　　　　　　（n）LLVF -PAPCNN　　　　　　（o）本章方法

图例　☐ 道路　☐ 建筑物　☐ 林地　☐ 草地　☐ 裸地

图 5-7　区域 1 的土地覆盖分类结果

　　根据表 5-3 进行分析，GTF 和 curvelet 的光谱信息丢失严重，表 5-1 中基于光谱信息的评价指标 SD 和 ERGAS 体现了这一点。同时这两种方法在空间分辨率上也表现不佳，所以在 OA 和 KC 两个评价指标上都低于原多光谱影像的 85.911% 和 0.819。CBF 虽然保持了较好的光谱特性，但是较差的清晰度导致其分类精度也低于原始多光谱影像。DTCWT、CSR、CSMCA、RGF 和 EA-PAPCNN 的光谱保真能力不突出，在所有方法中排名居中，在一定程度上限制了土地覆盖的分类效果，特别是道路和林地、道路和草地之间的混淆现象较为明显，其总体精度均分布于 86% 至 87% 之间。NSCT、WLE-PAPCNN、EA-DCPCNN、LLVF-PAPCNN 和 ASR 在提高空间分辨率的同时也较好地保留了光谱信息，其分类精度相较于其他 8 种对比方法具有较大的优势，具体在 OA 上的提高都超过了 1.5%，在 KC 上也有超过 0.02 的提升表现。本章方法具有较强的空间增强和光谱保真能力，极大地提高了土地覆盖分类精度，分类结果的 OA 和 KC 较原多光谱影像分别提高了 8.350% 和 0.107，较 13 种其他方法中的最好方法分别提高了 1.377% 和 0.023。

　　由表 5-4 可知，所有融合影像的土地覆盖分类精度都高于原始多光谱影像。GTF、EA-PAPCNN 和 EA-PADCPCNN 的土地覆盖分类精度略高于原始多光谱影像，这是由于这 3 种方法在信息量、清晰度、光谱保真和结构相似性等方面都没有明显的优势，且在光谱保真上都表现出较差的效果。CBF、DTCWT、CSMCA、RGF 和 curvelet 的总体精度都分布于 85% 至 86% 之间，分类效果一般。这 5 种方法都无法较好地兼顾空间信息和光谱信息，不能有效地平衡原始影像的互补信息。NSCT、ASR、CSR、WLE-PAPCNN 和 LLVF-PAPCNN 能够较好地提取原始影像中的特征信息，较其他对比方法能够得到更高的分类精度，所以在 OA 和 KC 两个指标上都分别超过了 86% 和 0.82。所有对比方法都具有一定的局限性，无法较好地整合 SAR 影像的后向散射信息和多光谱影像的光谱信息，使得土地覆盖分类精度无法有效提高。本章方法在信息量、清晰度、光谱信息和结构相似性等几个方面都表现出了较好的效果，分类结果的 OA 和 KC 较原多光谱影像分别提高了 6.896% 和 0.091，较 13 种其他方法中的最好方法分别提高了 0.169% 和 0.001。

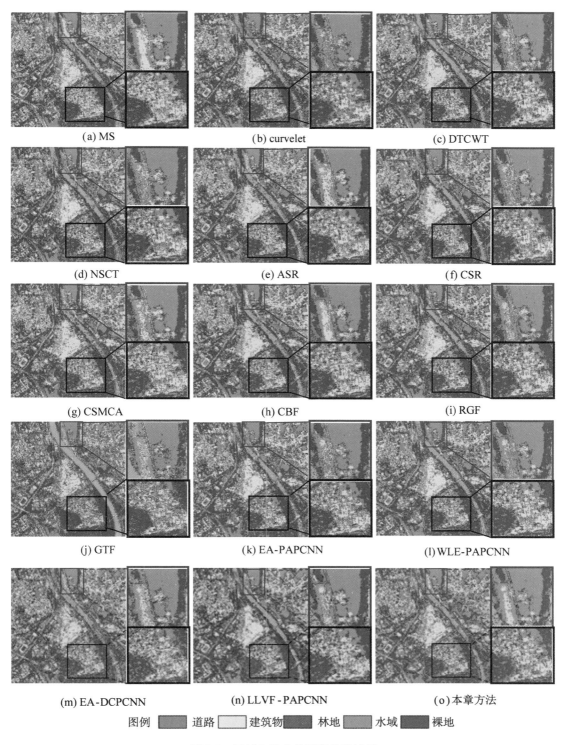

(a) MS

(b) curvelet

(c) DTCWT

(d) NSCT

(e) ASR

(f) CSR

(g) CSMCA

(h) CBF

(i) RGF

(j) GTF

(k) EA-PAPCNN

(l) WLE-PAPCNN

(m) EA-DCPCNN

(n) LLVF - PAPCNN

(o) 本章方法

图例　道路　建筑物　林地　水域　裸地

图 5-8　区域 2 的土地覆盖分类结果

5.6　本章小结

在基于多尺度变换的多光谱和 SAR 影像融合中，如何有效地提高结构信息和细节信息的提取能力，同时增强 PCNN 模型的参数自适应性和空间相关性，对增强融合方法的性能非常重要。为此，本章提出一种结合改进 Laplacian 能量和参数自适应双通道 ULPCNN 的遥感影像融合方法，将 IHS 与 NSST 相结合，并重点对 NSST 不同子带的融合规则进行优化设计。其中，通过结合 WLE 和 WSEML 两个活动度量解决了低频分量中细节信息提取能力差的问题，提出参数自适应双通道 ULPCNN 模型来解决高频分量中 PCNN 参数设置复杂和空间相关性差等问题。选取两组数据和 11 种评价指标对本章方法和 13 种其他方法进行实验和对比评价，分析融合方法的空间增强和光谱保真性能，再通过 RF 分类器进行土地覆盖分类，分析融合影像的分类效果。实验结果表明，本章方法在定性评价和定量评价上均表现最好，表明本章方法能够在较大程度上兼顾空间信息和光谱信息的保留。在土地覆盖分类评价指标总体精度和 Kappa 系数上较原始多光谱影像和其他融合影像都得到了明显提高，说明本章方法的融合结果能够提高土地覆盖分类精度，有助于对研究区域的解译和分析。

第6章　面向对象的多尺度分割

遥感影像是检测地面物体综合信息最直观、最丰富的载体。如何提取地表特征信息是遥感影像分类技术中迫切而复杂的问题，影像分割尺度的准确性直接关系到目标特征的提取、影像目标特征的识别在实际场景中的应用效果，这一直是遥感影像处理领域的一个关键研究问题（潘俊虹，2022）。自1960年以来，专家学者就影像分割进行了大量研究。影像分割是影像分类中的关键步骤，也是影像处理和分析的最基本内容。因此，影像分割一直以来受到人们的高度关注。

6.1　多尺度分割

随着科学技术的发展，高分辨率遥感影像逐渐得到了广泛应用，但随着分辨率的提高，图像的维数和数据量也在不断提高，以及"同物异谱，同谱异物"现象的加重，使得传统的基于像素级分类在高分辨率遥感影像应用上有了诸多局限性，基于多尺度分割的面向对象遥感影像分类应运而生，并得到了广泛应用（苏润，2021；刘丹，2017；Yu，2022；Zhang，2022；Chen，2022）。

由于基于像素的传统分类方法存在分类结果细碎、精度不高等问题，这种方法已不能满足人们当下的需求，面向对象分类具有良好的平滑性和较高的分类精度，成为遥感影像分类的热点（朱长明，2014；范登科，2012；朱长明，2013）。陈丽萍利用 eCognition 软件对遥感影像进行多尺度分割，自动建立分类规则并比较分析其精度，发现决策树的 Boosting 算法对分类结果具有明显的提升（陈丽萍，2019）。孙晓霞利用面向对象的影像分析方法对 IKONOS 全色影像引入子目标的形状特征进行二次分类得出，面向对象的分类方法在高分辨率或纹理影像分类应用中具有很大的潜力（陈杰，2015）。陶超提出的高空间分辨率遥感影像城区建筑物自动提取方法准确率高、鲁棒性好，能够检测出同一幅影像中具有不同形状结构和光谱特性的建筑物目标，有效提高了建筑物的提取精度（闫琰，2011）。陈云浩对面向对象和规则的光学遥感影像分类方法进行研究，利用多尺度分割形成影像对象，建立对象的层次结构，通过不同对象层间信息的传递和合并实现对影像的分类精度的提高（卢兴，2015）。

6.1.1　多尺度分割理论基础

面向对象的影像分类技术是随着中高分辨率影像的产生而发展起来的一种影像处理技术，并逐渐在高分辨率影像处理中显示出其应用价值和潜力，在其具体应用中，影像分割是基础和核心，它不再单纯考虑像元的光谱信息，而是综合考虑单个像元以及多个像元之间的光谱、空间、纹理、语义等关系，将影像分割为多个不规则大小的区域，并在这些区域的基础上进行后续的处理。影像分割的理论依据是同质性和异质性原则，分割对象要同时满足以下三个条件：①对象中所包含的像元要满足相似性准则且要保证任意两个像元之间连通；②相邻对象之间针对某选定特征具有显著性差异；③能够保证分割后得到的对象的边缘空间精度及边缘规整（冯丽英，2017）。

根据色调、形状、纹理、层次等特征及类间信息将高分辨率影像划分为若干同质性较高的像素簇，即对影像进行面向对象分割。由于影像中地物目标的多样性和复杂性，不同的地物在不同的尺度空间可得到有效表达，如果采用单一尺度进行分割，则不能很好地对影像中所有地物进行正确的描述，地物的几何和空间结构信息得不到正确表达。地理信息本身就是多种尺度的统一，单一的尺度不能准确表达丰富、复杂的地表信息，会出现欠分割或过度分割的现象。面向对象的多尺度分割方法能产生多尺度、多层级的影像对象，每个层级所获取的特征信息不同，提取的地物类型也不同，通过多尺度信息对影像进行多尺度分割后，可在最适宜的尺度层中进行信息提取，通过多尺度分割增强影像对象的信噪比能力，扩大目标地物间的差异性，增强地物的可分性（李森，2022）。

多尺度影像分割的具体步骤如下。首先，设置分割参数，包括参与分割的各波段的权重，确定每个波段在分割过程中的重要程度；一个尺度阈值，即像元合并停止的条件；根据影像的特征来确定光谱因子与形状因子的权重，即相似性像元参与合并的条件；在形状因子中，根据地物类型的属性特征来确定紧致度因子和光滑度因子的权重。然后，以影像中任意一个像元为中心开始分割，第一次分割时单个像元被看作一个最小的多边形对象参与异质性值的计算；第一次分割完成后，以生成的多边形对象为基础进行第二次分割，同样计算异质性值，判断 f 与预定的阈值之间的差异，若 f 大于该阈值，则继续进行多次分割，相反则停止影像的分割工作，从而形成一个固定尺度值的影像对象层。多尺度分割流程图见图 6-1。

6.1.2　多尺度分割算法原理

Gonzalez 和 Woods（2014）给出了基于集合论的比较通用的定义。令集合 R 代表整个图像区域，对 R 的图像分割可以看作将 R 划分成满足以下 5 个条件的 n 个非空子集（子区域）R_1，R_2，…，R_n。

（1）$\bigcup\limits_{i=1}^{n} R_i = R$，表示每一个像元都必须归属于一个特定的区域。

（2）R_i 是一个联通区域，$i = 1，2，…，n$，表示分割对象内像元具有联通的特性。

（3）$R_i \cap R_j = \varnothing$，$i \neq j$，表示不同的区域具有相交性。

（4）$P(R_i) = \text{TRUE}$，$i = 1，2，…，n$，表示同一对象像元需要具有一些相同特征。

（5）$P(R_i \cup R_j) = \text{FALSE}$，$i \neq j$，表示不同对象像元需要具有一些不同特征。

式中，$P(R_i)$ 是定义在集合 R_i 上的逻辑谓词，$\varnothing$ 表示空集。

影像分割作为面向对象分类处理的关键，将遥感影像包含的多种尺寸分为像素、对象等，这些对象除了包括光谱统计特征外，还包括形状、上下文和相邻距离对象和纹理参数的特征（Gong，2019）。影像多尺度分割的概念流程图如图 6-2 所示。

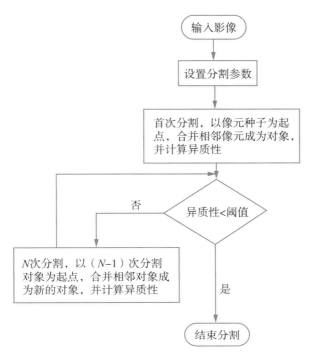

图 6-1　多尺度分割流程图

任何一幅影像的异质性 f 是由以下四个变量计算得到的：光谱因子信息权重 W_{color}、形状因子信息权重 W_{shape}、光谱异质性值 h_{color} 和形状异质性值 h_{shape}。W 是用户自定义的权重，处于 0 到 1 之间，且 $W_{\text{color}} + W_{\text{shape}} = 1$。

$$f = w \cdot h_{\text{color}} + (1 - w) \cdot h_{\text{shape}} \tag{6-1}$$

光谱异质性值 h_{color} 不仅与组成对象的像元数目有关，还取决于各个波段的标准差（式（6-2））。σ_c 为像元内部像元值的标准差，根据组成对象的像元值计算得到，n 为像元数目。

$$h_{\text{color}} = \sum_c w_c \left[n_{\text{merge}} \cdot \sigma_c^{\text{merge}} - (n_{\text{obj1}} \cdot \sigma_c^{\text{obj1}} + n_{\text{obj2}} \cdot \sigma_c^{\text{obj2}}) \right] \tag{6-2}$$

形状异质性值由两部分组成（式（6-3））：紧致度 h_{compact} 和光滑度 h_{smooth}。紧致度和光滑度可以看作一对"相反值"，但并不是相互对立的，即紧致度优化过的影像对象也会具有光滑的边界。

$$h_{\text{color}} = w_{\text{compact}} \cdot h_{\text{compact}} + (1 - w_{\text{compact}}) \cdot h_{\text{smooth}} \tag{6-3}$$

h_{compact} 和 h_{smooth} 取决于组成对象的像元数 n，多边形的边长 l 与同面积多边形的最小边长 b，如式（6-4）、式（6-5）所示：

$$h_{\text{smooth}} = n_{\text{merge}} \cdot \frac{l_{\text{merge}}}{b_{\text{merge}}} - \left(n_{\text{obj1}} \cdot \frac{l_{\text{obj1}}}{b_{\text{obj1}}} + n_{\text{obj2}} \cdot \frac{l_{\text{obj2}}}{b_{\text{obj2}}} \right) \tag{6-4}$$

$$h_{\text{compact}} = n_{\text{merge}} \cdot \frac{l_{\text{merge}}}{\sqrt{n_{\text{merge}}}} - \left(n_{\text{obj1}} \cdot \frac{l_{\text{obj1}}}{\sqrt{n_{\text{obj1}}}} + n_{\text{obj2}} \cdot \frac{l_{\text{obj2}}}{\sqrt{n_{\text{obj2}}}} \right) \tag{6-5}$$

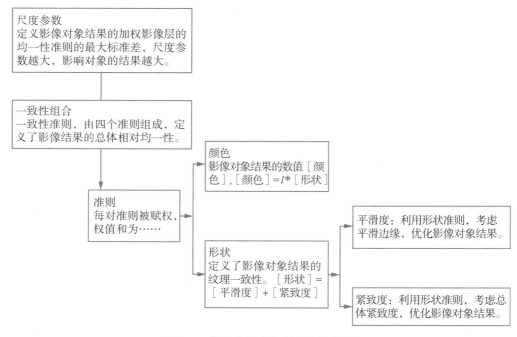

图 6-2　影像多尺度分割概念流程图

6.2　多尺度分割方法

多尺度分割的分割结果是在影像的基础上通过对分割参数的综合设置得出的。在分割影像相同的情况下，分割效果完全取决于分割参数的设置。分割尺度的阈值在影像分割处理中可以自由设置，不同的分割尺度分割出的多边形对象也不同，所以在尺度阈值的设定时，应该依据地物目标信息来设置最佳的分割尺度才具有意义。多尺度分割中，最佳尺度是指在该尺度分割下，多边形对象应该尽可能地与目标地物相吻合，大小、形状和轮廓尽量保持一致，与相邻对象间有较好地区分，合适的分割尺度可以较好地辨别不同地物，以对后期处理提供更优良的精确度(卢兴，2018)。

6.2.1　多分辨率分割

多分辨率分割是易康软件中较为常用的一种分割算法，该算法是一种自下而上的方法，通过合并相邻的像素或小的分割对象，在保证对象与对象之间平均异质性最小、对象内部像元之间同质性最大的前提下，基于区域合并技术实现影像分割(朱长明，2014)。分割效果图见图 6-3。多分辨率分割能够将亮度值较为接近的对象合并，减少分割对象的数量，这种方式适合在分割时将尺度参数设置得较小，实现对影像的分割，采用手工逐次实验找到最佳分割参数设置，即普适性更高，具有更强的推广性。

（a）原始影像　　　　　　　　（b）scale=10　　　　　　　　（c）scale=90

图 6-3　多分辨率分割效果图

6.2.2　四叉树分割

四叉树分割是由 Raphle 和 Bentley(1974)提出的，需要将整幅影像或特定的一个父级影像对象分割成许多大小不同的正方形。在裁剪出一个正方形网格后，继续进行四叉树分割。如果符合同质性标准，则停止分割；如果不符合同质性标准，则继续分割，直到在每个正方形中都符合同质性标准。分割效果图见图 6-4。

（a）原始影像　　　　　　　　（b）scale=30　　　　　　　　（c）scale=80

图 6-4　四叉树分割效果图

6.2.3　Mean-Shift 分割

1975 年，Fukunage 和 Hostetler 首先提出了 Mean-Shift 算法，它最初只是一个迭代的过程，沿着概率密度梯度的上升方向寻找到梯度为零的极值点(刘星雷，2019)。虽然这种算法拥有很高的计算效率，但在研究初期并没有引起专家学者的注意。Cheng 在 1995 年成功地定义了聚类核函数和权重系数，并扩展了该算法的应用领域，引起了研究者的广泛关注(刘星雷，2019)。分割效果图见图 6-5。该算法具有自适应步长的最快方法，使得 Mean-Shift 的应用得到扩展，扩展后的 Mean-Shift 算法公式为：

$$M_h(x) = \frac{\sum_{i=1}^{n} G\left(\dfrac{x_i - x}{h}\right) w(x_i) x_i}{\sum_{i=1}^{n} G\left(\dfrac{x_i - x}{h}\right) w(x_i)} - x \qquad (6\text{-}6)$$

式中，$G(x)$ 表示单位核函数；$w(x)$ 表示权重函数；n 为小窗口内像元个数。利用核函数 $K_{h_x,\,h_y}$ 计算点 x 的空间信息和光谱分布情况，$K_{h_x,\,h_y}$ 的表达式如下：

$$K_{h_x,\,h_y} = \frac{C}{h_s^2 h_r^p} k\left(\left\|\frac{x^2}{h_s}\right\|^2\right) k\left(\left\|\frac{x^r}{h_r}\right\|^2\right) \qquad (6\text{-}7)$$

式中，C 为归一化常数，影像的空间和光谱信息组成一个 $P + 2$ 维的向量 $X = (x^s, x^r)$，x^s 为格网点的坐标；x^r 为该格网点的 P 维向量特征；$K(X)$ 为高斯函数，h_s，h_r 控制着平滑解析度。

（a）原始影像　　　　　　　　　　　（b）分割后影像

图 6-5　Mean-Shift 分割效果图

6.2.4　Watershed 分割

分水岭(Watershed)算法是一种基于拓扑理论的数学形态学分割算法，其基本思想是将图像作为地形的拓扑结构放在大地测量学上，图像中每个像素的灰度值代表每个局部点的高程，最小值和影响面积称为接收盆地，并设定盆地边界形成分水岭，分割效果图见图 6-6。分水岭算法是一个迭代标注过程。L. Vincent(1991)提出比较经典的分水岭算法。在该算法中，在分水岭变换中输入图像的盆地图像，而盆地之间的边界点就是分水岭。显然，分水岭代表输入图像的最大点，其计算公式为：

$$g(x, y) = \mathrm{grad}(f(x, y)) = \{ [f(x, y) - f(x - 1, y)] \, 2 [f(x, y) - f(x, y - 1)] \}$$

$$(6\text{-}8)$$

式中，$f(x, y)$ 表示原始图像，$\mathrm{grad}\{\cdot\}$ 表示梯度运算。

为降低分水岭算法产生的过度分割，通常要对梯度函数进行修改，一个简单的方法是对梯度图像进行阈值处理，以消除灰度的微小变化产生的过度分割，其计算公式为：

$$g(x, y) = \max(\text{grad}(f(x, y)) g(\theta))$$ （6-9）

式中，$g(\theta)$ 表示阈值。

（a）原始影像　　　　　　　　　　　　　（b）分割后影像

图 6-6　Watershed 分割效果图

在分割过程中，分割参数直接决定了分割的结果，在设置参数时，要根据具体的应用目的，结合影像自身的特点，选择能够突出待提取地物信息特征的参数组。在其他参数相同的情况下，分割尺度较小，产生的分割对象越多，对象越破碎，不利于后续高效、快速地提取信息，这就是过分割；分割尺度越大，产生的对象面积越大，对象数量越少，造成较细小的地物因欠分割而错分，产生一些含有多种不同地物的混合对象，丢失待提取地类的信息。分割尺度往往基于已有经验去选择，最佳尺度可以是一个数值范围内的任意值。

6.3　实验设计

本章利用 eCognition Developer 9.2、ArcGIS 10.1、Matlab 2017 三款软件进行实验。采用的计算机型号为 Hasee K650D-i5 D1，实验环境：Inter CORE，i5-4210M，NVIDIA GTX850M 2G DDR3 独立显卡，RAM 为 4.00GB。

6.3.1　实验数据

本章选取三组实验数据，F1、F2、F3 为分辨率 2m 的 GF-2 遥感影像，分别包含了植被、建筑、水体、裸地、道路等主要地物类别，影像大小为 400×400，包含波段为红（R）、绿（G）、蓝（B）、近红外（NIR）四个波段，使用近红外波段更加高效显示波段组合效果，影像中的植被、裸地、建筑及水体等地表特征之间的光谱差异更具有代表性，如图 6-7 所示。

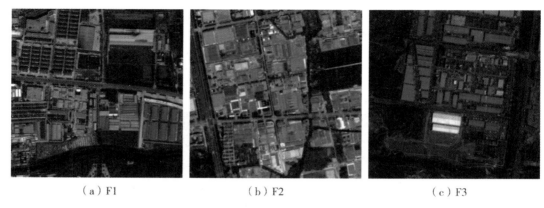

（a）F1　　　　　　　　（b）F2　　　　　　　　（c）F3

图 6-7　GF-2 遥感影像

6.3.2　实验流程

实验对比包含两部分，第一部分以 eCogintion Developer 9.2 软件为平台，借助 eCogintion Developer 软件中的插件对实验数据进行分割，统计分割过程中配置特征空间，为后续特征指标比较提供参考数据，流程如图 6-8 所示。

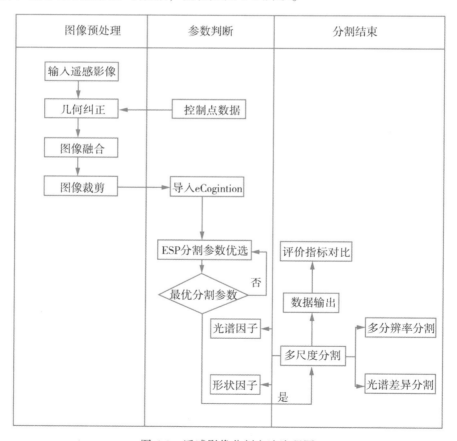

图 6-8　遥感影像分割方法流程图

第二部分是基于 Matlab 2017 的 Canny 算子分割和 Mean-Shift 分割算法，分割流程如图 6-9 所示。

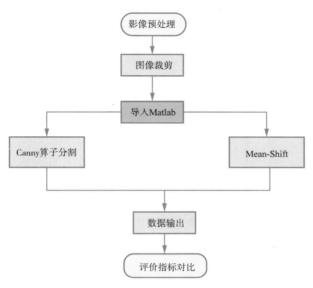

图 6-9　遥感影像分割算法流程图

6.3.3　评价指标

影像分割是将影像划分成各具特性的区域并提取感兴趣目标的技术和过程(丁月平，2014)。评价分割效果时，主要有三种思路(刘星雷，2019)：①对分割算法评价的分析法；②对分割结果进行评价，选择最优的优度实验法；③与已知参考结果进行比较的差异实验法。相较而言，第二种方法需要对所有可能的结果进行穷举选择，可行性更强；分割后的结果通过量化评价指标，不仅具有客观性，也与分割算法的内部结构特性无关，具有更好的普适性。因此本章采用该思路对分割结果进行评价。

在本节实验操作中，分别选取均值、标准差、亮度、长度、最大面积以及分割的效果作为对评价分割结果的评定标准，如表 6-1 所示。

表 6-1　分割地物影像对象特征表

选用特征	特征参数	表　达　式	解　释　说　明
光谱特征	均值	$\mu_L = \dfrac{1}{n} \times \sum\limits_{i=1}^{n} v_i$	v_i 为对象的像元值，n 为个数
	标准差	$\delta_L = \sqrt{\dfrac{1}{n-1} \times \sum\limits_{i=1}^{n_i} (v_i - \mu_L)^2}$	v_i 为对象的像元值，μ_L 为对象均值

续表

选用特征	特征参数	表 达 式	解 释 说 明
光谱特征	亮度	$b = \dfrac{1}{n_L} \times \sum\limits_{i=1}^{n} \varphi_i$	n_L 为波段个数，φ_i 为影像斑块的 i 波段值
几何特征	长度	$l = \sqrt{A \times r}$	A 为面积，r 为长宽比
	宽度	$w = \sqrt{\dfrac{A}{r}}$	A 为面积，r 为长宽比
	长宽比	$r = \dfrac{l}{w}$	l 为长度，w 为宽度
	密度	$d = \dfrac{\sqrt{n}}{1 + \sqrt{\mathrm{Var}(X) + \mathrm{Var}(Y)}}$	对象面积除以对象半径

6.4　实验结果与分析

由于地物之间存在空间和光谱特征差异，在进行影像分割过程中往往会出现过分割和欠分割现象。对遥感影像分割而言，没有一种尺度参数能够完全符合地物特征，过分割和欠分割现象是不可避免的，分割过程中出现不完全分割是正常现象，只有在过分割的基础上无限接近于地物特征。将实验数据在 ESP 尺度预测工具辅助下得到三种不同分割尺度下的成果图，如图 6-10 所示。

四叉树分割虽然在分割效果上达到了影像分割的基本要求，但在分类后期结果上不够理想，未达到影像初始分割条件。Mean-Shift 分割和 Watershed 分割都出现了不同程度的欠分割，并不能达到分割结果必须满足过分割的原则。多分辨率分割满足了图像上地物类别特征分割要求，有效地将不同地物区分，多分辨率分割具有较好的普遍性和适用性。对三组不同地区的 GF-2 影像分割后进行参数化比较，如表 6-2 ~ 表 6-4 所示。

由表 6-2 可知，在 F1 的图像分割结果中，四叉树分割的标准差最小，其值为 0.2713，其次标准差从小到大排列依次为：多分辨率分割的 24.6296，Mean-Shift 分割的 60.5093，Watershed 分割的 73.1179；均值从小到大排列依次为：Mean-Shift 分割的 79.5813，Watershed 分割的 96.1333，多分辨率分割的 286.3576，四叉树分割的 345.6057；分割的最大面积从小到大依次为：四叉树分割的 64，多分辨率分割的 1381，Mean-Shift 分割的 10820，Watershed 分割的 15792；在分割亮度比较上，最小为四叉树分割的 59.8889，其余依次为多分辨率分割的 144.8181，Watershed 分割的 163.9167，Mean-Shift 分割的 209.6667；从分割效果来看，多分辨率分割存在小幅过分割现象，四叉树分割存在过分割现象，Mean-Shift 分割和 Watershed 分割均存在欠分割。

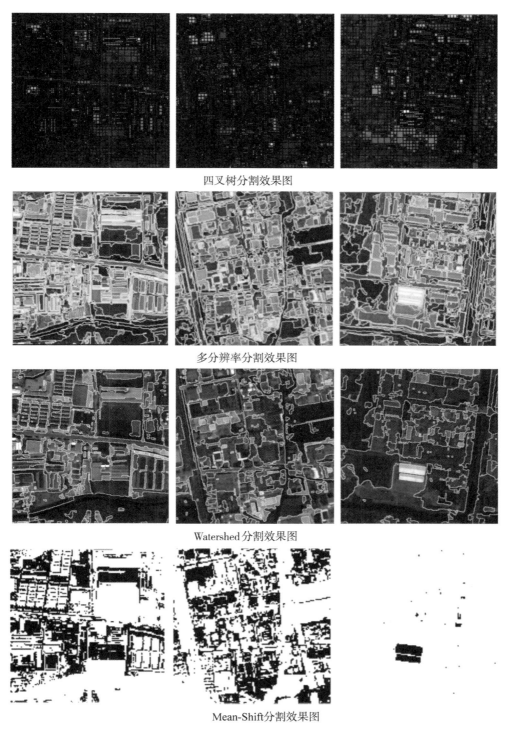

四叉树分割效果图

多分辨率分割效果图

Watershed 分割效果图

Mean-Shift分割效果图

图 6-10 四种分割效果对比图

表 6-2　F1 图像分割比较

分割方法	标准差	均值	最大面积	亮度	分割效果
多分辨率分割	24.6296	286.3576	1381	144.8181	小幅过分割
四叉树分割	0.2713	345.6057	64	59.8889	过分割
Mean-Shift 分割	60.5093	79.5813	10820	209.6667	欠分割
Watershed 分割	73.1179	96.1333	15792	163.9167	欠分割

表 6-3　F2 图像分割比较

分割方法	标准差	均值	最大面积	亮度	分割效果
多分辨率分割	59.2659	634.8543	6554	78.5	小幅过分割
四叉树分割	0.1210	568.9083	64	235.6	过分割
Mean-Shift 分割	60.3172	73.5902	8828	177.6667	欠分割
Watershed 分割	71.9251	95.3033	13301	222.6363	欠分割

由表 6-3 可知，在 F2 的图像分割结果中，四叉树的标准差最小，其值为 0.1210，其次标准差从小到大排列依次为：多分辨率分割的 59.2659，Mean-Shift 分割的 60.3172，Watershed 分割的 71.9251；均值从小到大排列依次为：Mean-Shift 分割的 73.5902，Watershed 分割的 95.3033，四叉树分割的 568.9083，多分辨率分割的 634.8543；分割的最大面积从小到大依次为：四叉树分割的 64，多分辨率分割的 6554，Mean-Shift 分割的 8828，Watershed 分割的 13301；在分割亮度比较上，最小为多分辨率分割的 78.5，其余依次为四叉树分割的 235.6，Mean-Shift 分割的 177.6667，Watershed 分割的 222.6363；从分割效果来看，多分辨率分割存在小幅过分割现象，四叉树分割存在过分割现象，Mean-Shift 分割和 Watershed 分割均存在欠分割。

表 6-4　F3 图像分割比较

分割方法	标准差	均值	最大面积	亮度	分割效果
多分辨率分割	22.3544	291.7084	92225	95.9526	小幅过分割
四叉树分割	0.9179	261.9129	2665	87.6667	过分割
Mean-Shift 分割	53.3728	86.2342	10753	154.8333	欠分割
Watershed 分割	66.1253	104.1363	9604	50.8148	欠分割

由表 6-4 可知，在 F3 的图像分割结果中，四叉树分割的标准差最小，其值为 0.9179，其次标准差从小到大排列依次为：多分辨率分割的 22.3544，Mean-Shift 分割的 53.3728，Watershed 分割的 66.1253；均值从小到大排列依次为：Mean-Shift 分割的 86.2342，

Watershed 分割的 104.1363，四叉树分割的 261.9129，多分辨率分割的 291.7084；分割的最大面积从小到大依次为：四叉树分割的 2665，Watershed 分割的 9604，Mean-Shift 分割的 10753，多分辨率分割的 92225；在分割亮度比较上，最小为 Watershed 分割的 50.8148，其余依次为四叉树分割的 87.6667，多分辨率分割的 95.9526，Mean-Shift 分割的 154.8333；从分割效果来看，多分辨率分割存在小幅过分割现象，四叉树分割存在过分割现象，Mean-Shift 分割和 Watershed 分割均存在欠分割。

根据图表中的数据，不同分辨率遥感影像在多尺度分割方法选择中会有所不同，这主要是由影像中地面物体的形状、大小、光谱差异和其他信息引起的。根据实验结果可知：

（1）不同分割方法中影像的分割对象数量差异最大，四叉树分割方法的分割对象数量均远超过同一影像的其他分割方法，致使其标准差最小；Watershed 分割的标准差最大，Mean-Shift 分割的三组影像均值最小。

（2）在局部完整性效果方面，同一参数下多分辨率算法能在保持地物规则性的同时，将不同地物区分开，避免出现大量混合的对象，具有较好的适用性和普遍性。

6.5 本章小结

本章对多尺度分割的质量进行了综合评估，选取了多分辨率分割、四叉树分割、Mean-Shift 分割和 Watershed 分割四种主流的多尺度分割方法进行实验评价。首先简要介绍了多尺度分割的基本原理和方法，并对四种多尺度分割方法从概念到计算原理进行了简要说明。选取了三幅 GF-2 遥感影像进行实验设计，影像包含了植被、建筑、水体、裸地、道路等主要地物类别，对于三幅影像分割的结果，分别从标准差、均值、最大面积、亮度和分割效果五个方面对四种分割方法进行综合评价，分析实验结果以及结合影像多尺度分割参数化的比较，不难得出如下结论：多分辨率分割方法不仅可以直接反映不同特征之间的边界条件，而且可以保持分割结果信息含量，具有较好的适用性。

第7章 面向对象的遥感影像分类

近年来，国内外很多学者使用面向对象分类做过相关的研究，取得了较好的效果。例如，采用集成学习的面向对象分类方法对极化合成孔径雷达影像进行土地利用分类（肖艳等，2020），采用高分六号遥感影像作为数据源，将面向对象和卷积神经网络结合起来，构建适用于影像的红边波段的作物分类方法（李前景等，2021）。利用下辽河平原地区的Landsat 影像，基于支持向量机、随机森林以及数字高程模型因素，进行面向对象的土地利用分类（张露洋等，2021），以及利用无人机和面向对象技术快速提取田坎面积（杨云辉等，2022）。Francesca 等利用高空间和高光谱分辨率遥感影像，并选择有训练样本的面向对象分类方法半自动提取了建筑物和大约 100km² 的主要屋顶材料，经过实地调查和无人机拍摄验证，建筑物提取精度为 94%，屋顶材料总体分类精度为 91%（Francesca et al.，2022）。Hossein 等（2021）提出一种基于非迭代聚类影像分割和面向对象随机森林分类的方法，对底格里斯-幼发拉底盆地的土地利用进行分类，总体准确率达到了 91.7%（Hossein et al.，2021）。

7.1 ESP 工具最优参数预测原理

在多尺度分割中，选取合适的分割尺度参数是至关重要的，因为不同的分割尺度参数会直接导致不同的分割效果。最佳的分割尺度参数需要根据影像的特征，并结合大量的实验操作才能确定。而尺度参数估计（Estimation of Scale Parameters，ESP）工具可以用于解决这个问题，它主要用于表示分割对象的均质性，从而辅助选取分割尺度（李娜等，2016）。

分割尺度（f）是一个抽象的术语，决定了被分割对象允许的最大异质性程度，由光谱异质性（h_{color}）和形状异质性（h_{shape}）两个参数组成，ESP 分割尺度评价指标如表 7-1 所示。光谱特征是确定目标的主要条件，引入形状特征可以提高分割结果的质量。光谱和形状两个因素的权重之和为 1，这意味着增加一个因素的权重必然会减少其他指标对分割结果的贡献。考虑到光谱在分类中的重要性，本章将其取值范围定义为 [0.6，0.9]，因此形状权值的取值范围为 [0.1，0.4]（王荣等，2015）。

表 7-1 ESP 工具优选分割尺度评价指标

评价指标	标准差	像素数	均值	形状指数	亮度值	最大面积
参数	62.4431	1096	567.9432	0.3128	301.4972	1107

当只考虑光谱的异质性时，分割产生的目标往往会产生分枝或分形的图像目标。结合光谱异质性和空间异质性，分割产生的目标可以达到边界，通过形状准则达到平滑或紧致的目的。形状判据由紧实度和平滑度两种景观生态指标计算得到：利用平滑度优化分割对象边界，可以抑制边缘的破坏；利用紧实度优化分割对象，避免出现不自然的空洞或凸出。这两个指标的权重之和也是 1，即一个指标权重的增加意味着另一个指标对分割结果的贡献减弱。通过调整分割阈值 (s) 的大小，可以直接影响生成的分割对象的大小($f \leqslant s$)。f 定义了分段对象合并增长的条件，控制分段对象合并增长的是停止条件。计算公式如下：

$$f = w_{color} \cdot h_{color} + (1 - w_{color}) \cdot h_{shape} \tag{7-1}$$

$$h_{color} = \sum_c w_c \sigma_c \tag{7-2}$$

$$h_{shape} = w_{compact} \cdot h_{compact} + (1 - w_{compact}) \cdot h_{smooth} \tag{7-3}$$

$$h_{compact} = \frac{l}{\sqrt{n}} \tag{7-4}$$

$$h_{smooth} = \frac{l}{b} \tag{7-5}$$

式中：$w_{color} \in [0.6, 0.9]$，$w_{compact} \in [0.0, 1.0]$，$w_{color}$、$w_{compact}$、$w_c$ 分别表示光谱、紧凑度和波段 C 的权重，σ_c 表示组成对象的 C 波段灰度值的标准差，C 表示波段编号，l 表示对象的周长，b 表示对象的外接矩形边长，n 表示组成对象的像素个数。

同质性：经过分割产生的任意一个对象，将组成对象所有像素的标准差作为衡量对象同质性的标准。

基于波段 L，对象的标准差为：

$$\sigma_L = \sqrt{\frac{1}{n-1} \sum_{i=1}^{n} (C_{Li} - C_L)^2} \tag{7-6}$$

式中：n 为对象内所有像素的个数，C_{Li} 表示像素 i 的灰度值，C_L 表示对象内的灰度均值。在波段 L 上，对于任一分割对象，通过计算与邻域的平均差分的绝对值，反映对象与相邻对象的差异程度，计算公式为：

$$\Delta C_L = \frac{1}{l} \sum_{i=1}^{n} l_i |C_L - C_{Li}| \tag{7-7}$$

式中：l 为当前对象的边界长度，l_i 表示与第 i 相邻对象公共边的长度，C_L 为当前对象的灰度均值，C_{Li} 为第 i 个相邻对象的灰度均值，n 表示与当前对象邻接对象的个数。图 7-1 为最优分割尺度示意图。

本章中将 ESP 工具加载进 eCognition 分析软件并进行参数预测。ESP 工具可以在多层（最多 30 层）上使用，并且将加载到 eCognition 中的所有层以执行多分辨率分割（无论其名称如何）产生 3 个级别。如果要在分析中排除特定的多层光谱带，可在执行工具后加载影像数据。ESP 既可以处理整个影像，也可以处理影像内定义的关注区域（例如管理边界）。在后一种情况下，不必为各个层定义数据值，以防止在感兴趣区域之外进行分段。否则，感兴趣区域之外的细分将影响结果。本章分别对三组实验数据进行预测，如图 7-2 所示，图(a)~(c)产生的三个实验结果分别为：45、115、215。图(d)~(f)产生的三个实验结果分别为：27、157、357。

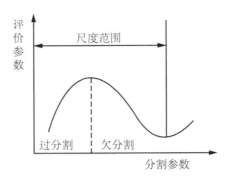

图 7-1　最优分割尺度示意图

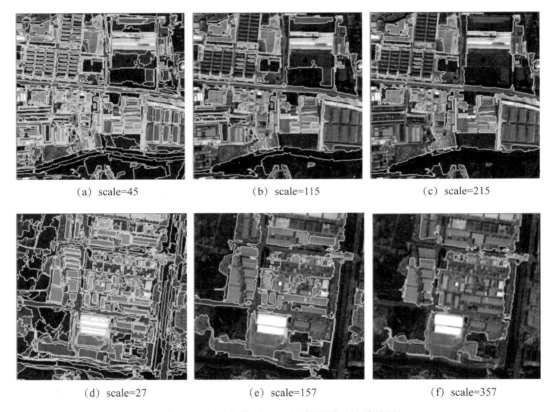

（a）scale=45　　　　　　　（b）scale=115　　　　　　　（c）scale=215

（d）scale=27　　　　　　　（e）scale=157　　　　　　　（f）scale=357

图 7-2　多尺度分割 ESP 尺度预测工具效果图

　　从定量的角度分析，最优分割尺度是影像分割的理想目标，即在某一分割算法中通过变化分割参数得到的分割对象，能在同一对象内的同质性与不同对象间的异质性之间找到一个最佳的平衡点，在该分割尺度下得到的对象具有足够高的光谱纯度，保证同类地物的聚类，不同对象间的差异则保证了最大可分性。当分割尺度小于最优分割尺度时，分割的对象往往过小，造成分割过度；相反，如果分割尺度过大，得到的分割对象往往大于目标，形成分割不足。

7.2 面向对象分类原理

7.2.1 SVM 分类

支持向量机算法是 Vapnik 等人于 1995 年提出的建立在统计学习理论（Statistical Learning Theory，SLT）基础上的机器学习方法，它是有效地解决机器学习领域分类问题和非线性函数估计问题的重要方法（孙坤等，2018）。该方法建立在统计学习理论基础上，假设训练样本为 $T = \{(x_1，y_1)，(x_2，y_2)，\cdots，(x_i，y_i)\}$，其中 $x_i \in \mathbf{R}^n$，表示输入模式，$y_i = \{-1，1\}$，表示目标输出。设最优决策面方程为 $W^T x_i + b = 0$，则权值向量 W 和偏置 b 须满足约束

$$y_i(W^T x_i + b) \geqslant 1 - \xi_i \tag{7-8}$$

式中，ξ_i 表示线性不可分割条件下的松弛变量，用来表示模式对理想线性情况下的偏离程度。

SVM 的目的是为寻找一个决策面，使它在训练数据上的分类误差的平均错误最低，可以推导出下面的优化公式：

$$\phi(w，\xi_i) = \frac{1}{2} w^T w + c \sum_{i=1}^{N} \xi_i \tag{7-9}$$

$$Q(\alpha) = \sum_{i=1}^{N} \alpha_i - \frac{1}{2} \sum_{i=1}^{N} \sum_{j=1}^{N} \alpha_i \alpha_j y_i y_j K(x_i，x_j) \tag{7-10}$$

式中，$\{\alpha_i\}_{i=1}^{N}$ 是 Lagrange 乘子，且式(7-3)满足约束条件

$$\sum_{i=1}^{N} \alpha_i y_i = 0，0 \leqslant \alpha_i \leqslant C，i = 1，2，\cdots，n \tag{7-11}$$

式中，$K(x_i，x_j)$ 为核函数，满足 Mercer 定理。

SVM 模型中具有不同的可用内核，eCognition 中包含的有线性的、径向基函数（Radial Basis Function，RBF），本章在后续实验采用线性内核模型进行面向对象分类处理。

线性内核公式为：

$$K(x_i，x_j) = x_i^T \cdot x_j \tag{7-12}$$

径向基函数（Radial Basis Function，RBF）公式为：

$$K(x_i，x_j) = \exp(-\gamma \| x_i - x_j \|^2)，\gamma > 0 \tag{7-13}$$

7.2.2 CART 决策树分类

决策树（Classification And Regression Tree，CART）算法于 1984 年由 Breiman 提出，如何构建规模小和精度高的决策树成为该算法的关键所在（刘星雷等，2019）。CART 决策树也称为分类回归树，该算法是一个分类树，可以很好地解决模式识别及分类问题。CART 算法引入经济学中的基尼指数（Gini Index）作为选择分割阈值（特征阈值）、分类特征的标

准，公式如下：

$$\text{Gini}(P) = \sum_{k=1}^{k} p_k(1 - p_k) = 1 - \sum_{k=1}^{k} p_k^2 \tag{7-14}$$

其中，k 为类别总数，p_k 表示第 k 个类别的概率，$\sum_{k=1}^{k} p_k = 1$。

7.2.3　KNN 分类

K 最近邻算法（K-Nearest Neighbor，KNN）由 Cover T. M. 和 Hart P. E. 于 1967 年提出。作为一种比较成熟的机器算法，该算法计算简单、鲁棒性好，对大规模数据非常有效，因此受到学者的广泛关注（刘星雷等，2019）。最近邻分类作为监督分类的一种，其运算基本思路为：

（1）建立分类对应体系结果和对应的类别 $C_k(k = 1, 2, \cdots, n)$。

（2）根据图像的待分类特点，选择一系列相对独立的特征 f，将其建立成特征空间。

（3）选取一定量的对象 i 作为训练样本。

（4）计算待分类对象 j 和样本之间 i 的特征距离 d_{c_k}。

$$d_{c_k} = \sqrt{\sum_f \left[\frac{v_f^{(i)} - v_f^{(j)}}{\sigma} \right]^2} \tag{7-15}$$

式中，$v_f^{(i)}$ 表示样本对象的特征 f 的特征值，$v_f^{(j)}$ 为图像对象的特征 f 的特征值，σ 为特征 f 值的标准差。

（5）用特征距离构成隶属度函数 $Z(d_{c_k})$：

$$Z(d_{c_k}) = e^{-kd_{c_k}^2} \tag{7-16}$$

式中，k 决定了 $Z(d_{c_k})$ 随 d_{c_k} 的变化速度，可以表示为

$$k = \ln \frac{1}{\text{functionslop}} \tag{7-17}$$

式中，functionslop 为函数斜率。

7.3　实验

为了检验上述方法的有效性，将提出的 10、20、30、40、50、60、70、80 等 8 组不同尺度的分割参数及预测参数 scale = 34 用于多尺度分割实验，在保证其他参数不变的情况下，分别基于面向对象的 SVM 分类器、CART 决策树分类器、KNN 分类器对 GF-2 影像进行分类处理和分析。

7.3.1　实验数据

采用空间分辨率为 2m 的 GF-2 光学遥感卫星获取的遥感影像（图 7-3）作为数据源，影像中的特征解译分为道路、植被、建筑、水体、裸地五大类进行实验。

图 7-3 GF-2 原始影像

7.3.2 SVM 分类结果与分析

如图 7-4 所示，基于面向对象的 SVM 分类器同样能够降低分类后影像的椒盐噪声现象，边界清晰可见，然而同一分类器下，对于水体、植被等大尺度地物，不同分割参数表现出较大的差异。

由表 7-2 可知：面向对象的分类精度从尺度 10 到尺度 34，其 Kappa 系数和总体精度呈现出递增趋势；在尺度 34 到尺度 80，其 Kappa 系数和总体精度呈现出下降趋势。在其他参数相同的情况下，面向对象的分类精度在 ESP 预测工具预测尺度为 34 时，其 Kappa 系数和总体精度均达到峰值，其值分别为 Kappa 系数 0.6423，总体精度 77.85%。

7.3.3 CART 决策树分类结果与分析

如图 7-5 所示，基于面向对象的 CART 决策树分类有效降低了分类后影像的椒盐噪声，使地物边界清晰可见，对于植被和裸地等大尺度地物分类效果优于同参数下的 SVM 分类器，但仍存在错误分类现象。

由表 7-3 可知：面向对象的分类精度从尺度 10 到尺度 34，其 Kappa 系数和总体精度呈现出递增趋势；在尺度 34 到尺度 80，其 Kappa 系数和总体精度呈现出下降趋势。在其他参数相同的情况下，面向对象的分类精度在 ESP 预测工具预测尺度为 34 时，其 Kappa 系数和总体精度均达到峰值，其值分别为 Kappa 系数 0.8453，总体精度 89.30%。

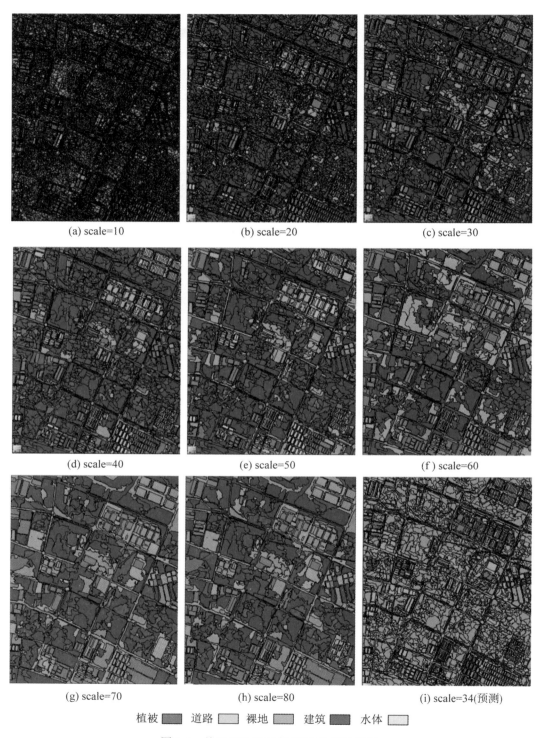

(a) scale=10	(b) scale=20	(c) scale=30
(d) scale=40	(e) scale=50	(f) scale=60
(g) scale=70	(h) scale=80	(i) scale=34(预测)

植被　道路　裸地　建筑　水体

图 7-4　基于 ESP 工具的 SVM 分类效果图

表 7-2　GF-2 影像面向对象精度对比表(SVM)

scale	Kappa 系数	总体精度
10	0.2098	46.30%
20	0.4375	62.42%
30	0.5956	73.83%
34(预测参数)	0.6423	77.85%
40	0.4622	63.76%
50	0.4500	61.74%
60	0.4398	65.10%
70	0.4552	61.07%
80	0.3952	59.06%

7.3.4　KNN 分类结果与分析

基于面向对象分类的 KNN 分类器同样能降低分类后影像的椒盐噪声情况,边界更加清晰,且整体分类效果优于同参数下的 SVM 分类器及 CART 决策树分类器,能得到更加精确、规则的分类结果,结果如图 7-6 所示。

由表 7-4 可知:面向对象的分类精度从尺度 10 到尺度 34,其 Kappa 系数和总体精度呈现出递增趋势;在尺度 34 到尺度 80,其 Kappa 系数和总体精度呈现下降趋势。在其他参数相同的情况下,面向对象的分类精度在 ESP 预测工具预测尺度为 34 时,其 Kappa 系数和总体精度均达到峰值,其值分别为 Kappa 系数 0.9582,总体精度 97.31%。

综合表 7-2～表 7-4 的实验数据和分析结果可知,ESP 测算尺度预测工具在 SVM、CART、KNN 三种分类器实验上均取得了最佳的分类效果,其 Kappa 系数和总体精度均在预测尺度 34 下取得分类效果的峰值,因此,ESP 分割尺度预测工具可以胜任分类尺度的预测任务。

7.3.5　面向对象分类结果比较

为了更有效地对分类结果进行比较,确保实验数据真实可靠,对三种典型的面向对象方法分割参数 scale=34 下的影像分类结果进行对比。

由表 7-5 可以看出,KNN 分类的总体精度分别比 SVM 分类和 CART 决策树分类高出 19.46% 和 8.01%,Kappa 系数分别高出 0.3159 和 0.1129,制图精度分别高出 28.03% 和 19.48%,用户精度分别高出 39.59% 和 13.59%,这个精度基本可以满足自动分类的应用精度要求。通过面向对象的分类结果对比,KNN 分类获得了较为满意的结果。

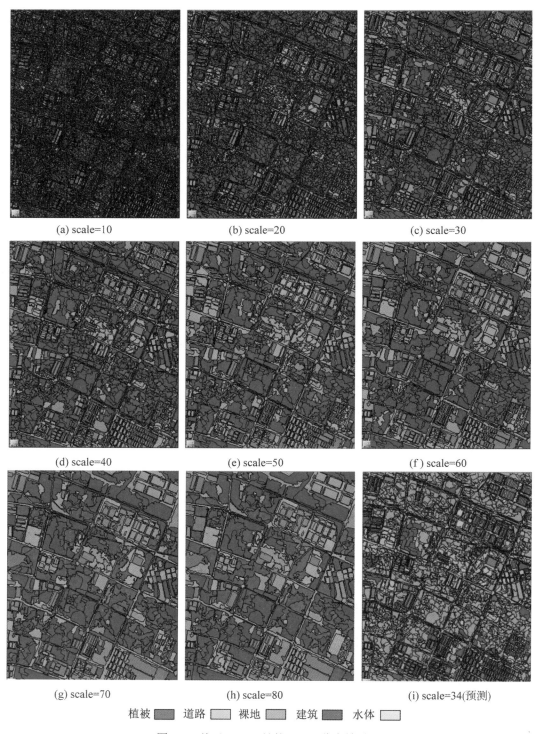

(a) scale=10　　　　　　(b) scale=20　　　　　　(c) scale=30

(d) scale=40　　　　　　(e) scale=50　　　　　　(f) scale=60

(g) scale=70　　　　　　(h) scale=80　　　　　　(i) scale=34(预测)

植被 ▢　道路 ▢　裸地 ▢　建筑 ▢　水体 ▢

图 7-5　基于 ESP 工具的 CART 分类效果图

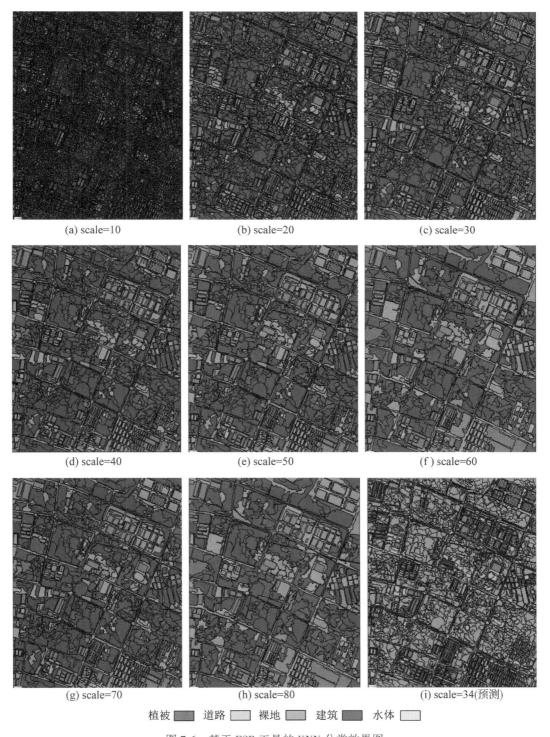

(a) scale=10　　　　　　　(b) scale=20　　　　　　　(c) scale=30

(d) scale=40　　　　　　　(e) scale=50　　　　　　　(f) scale=60

(g) scale=70　　　　　　　(h) scale=80　　　　　　　(i) scale=34(预测)

植被 ■　道路 □　裸地 ■　建筑 ■　水体 □

图 7-6　基于 ESP 工具的 KNN 分类效果图

表 7-3　GF-2 影像面向对象精度对比表（CART）

scale	Kappa 系数	总体精度
10	0. 4552	61. 07%
20	0. 7946	85. 90%
30	0. 8096	86. 58%
34（预测参数）	0. 8453	89. 30%
40	0. 7768	84. 56%
50	0. 7686	83. 84%
60	0. 7320	81. 20%
70	0. 5947	71. 20%
80	0. 4987	65. 60%

表 7-4　GF-2 影像面向对象精度对比表（KNN）

scale	Kappa 系数	总体精度
10	0. 7234	82. 55%
20	0. 8105	87. 92%
30	0. 9012	93. 28%
34（预测参数）	0. 9582	97. 31%
40	0. 8517	89. 93%
50	0. 7168	80. 54%
60	0. 7234	82. 56%
70	0. 7814	84. 77%
80	0. 7133	80. 41%

表 7-5　三种方法误差、精度汇总表

分类方法	制图精度/%	用户精度/%	总体精度/%	Kappa 系数
KNN	93. 32	92. 56	97. 31	0. 9582
SVM	65. 29	52. 97	77. 85	0. 6423
CART	73. 84	78. 97	89. 30	0. 8453

7.4　面向对象分类在高铁线路提取中的应用

我国在高铁领域起步相对较晚，但发展却非常迅速，截至 2023 年底，我国高铁里程达 4.5 万千米，稳居世界第一（李心萍，2024）。高铁作为我国一项基础建设工程，对于推动国民经济发展作出了巨大的贡献，因此研究迅速扩张建设的高铁分布对国家制定战略决策和科学规划具有非凡的意义。

我国幅员辽阔，高铁更是四通八达，人工测量提取高铁线路费时费力，且效率低下，研究的成本高。随着高空间分辨率遥感影像解译的快速发展，面向对象分类也成为影像分类中的热点之一，相对于基于像素的分类，面向对象分类更能保证地物的完整性，挖掘地物的几何和纹理特征（黄邵东等，2021）。

尽管面向对象分类方法应用广泛，但目前利用该方法进行高铁线路提取的研究相对较少。因此本章将采用 eCognition 软件中的 ESP2 工具预测影像最佳分割尺度参数，通过 K-最近邻（K-Nearest Neighbor，KNN）、分类与回归树（Classification And Regression Tree，CART）和支持向量机（Support Vector Machine，SVM）三种面向对象分类方法对高铁线路进行提取，充分发挥遥感的优势，了解高铁的发展动向。

7.4.1　实验数据与方法

1. 实验数据

由于高铁线路的宽度较小，使用传统分辨率较低的遥感卫星数据并不能清晰显示高铁线路，无法满足本次实验的需求。因此，本次实验数据使用的是国产高分二号卫星遥感影像，获取的时间为 2015 年 9 月 26 日。高分二号卫星是我国自主研制的第一颗空间分辨率优于 1m 的民用光学遥感卫星，多光谱影像空间分辨率为 4m，全色影像空间分辨率为 1m（Gong et al.，2024）。

本实验首先从一张高分二号卫星影像中选取了三个含有高铁线路的区域，并按照建筑物的复杂程度分为 T1、T2 和 T3。该高铁线路位于河北省的唐山市和秦皇岛市之间，地形主要以平原为主，山地丘陵地区较少。然后，对 T1、T2 和 T3 这三幅影像进行预处理，将影像都统一裁剪为 800×1000，影像的分辨率为 1m，并利用全色波段对影像进行融合处理，利用近红外波段进行增强处理，突出了植被的特征。所选影像中的地物具有典型性，实验数据如图 7-7 所示。

2. 实验方法

影像分割是面向对象分类过程中一个必要的步骤，分类的好坏、精度的高低取决于分割的效果。面对日益增长的技术需求，各种基于遥感影像的分割技术也层出不穷，分割效率和分割精度也在不断完善和提高（林雪等，2016）。而多尺度分割是在影像分割领域应用非常广泛的一种算法，它是基于异质性最小原则的一个局部优化过程（闵蕾等，2020）。

| T1 | T2 | T3 |

图 7-7 高分二号高铁影像数据

在多尺度分割中，选取合适的尺度参数至关重要，其会直接影响分割效果，使用 ESP 可以帮助确定最佳分割尺度，通过评估对象内部的同质性来实现。目前一共有两个版本，ESP2 是最新发布的一个版本（刘金丽等，2019）。因为影像特征往往非常丰富，所以 ESP2 计算得到的最优分割尺度通常不是单个值，而是多个值，需要确定最佳尺度参数（庄喜阳等，2016）。因此，本章采用 ESP2 工具去预测影像的最佳分割尺度参数，从而提高影像分割的效率。

监督分类最大的特点就是需要训练样本，本次实验采用的监督分类方法包括 KNN 分类（李志强等，2019）、CART 分类（龚循强等，2020）和 SVM 分类（洪亮等，2022）。根据三幅影像的特征，将 T1 的地物分成植被、建筑物、裸地、普通道路和高铁线路 5 种类别，一共手动选择了 130 个训练样本点和随机选择了 180 个测试样本点。将 T2 的地物分成植被、建筑物、裸地、普通道路和高铁线路 5 种类别，一共手动选择了 180 个训练样本点和随机选择了 200 个测试样本点。将 T3 的地物分成植被、建筑物、裸地、水体、普通道路和高铁线路 6 种类别，一共手动选择了 220 个训练样本点和随机选择了 240 个测试样本点。

3. 精度评定指标

引入总体精度、Kappa 系数、完整率、正确率和提取质量 5 个指标，对高铁线路提取结果进行精度评定。

总体精度是指每一个随机样本被正确分类的概率。Kappa 系数主要是用于一致性检验的指标，它可以衡量遥感影像的分类效果（Gong et al.，2023）。不同于总体精度只考虑混淆矩阵对角线方向上被正确分类的像元数，Kappa 系数还同时考虑了对角线以外的各种漏分和错分的像元。Kappa 系数越接近 1，则表示分类的一致性越高，计算公式如下：

$$Kappa = \frac{N \sum_{i=1}^{n} x_{ii} - \sum_{i=1}^{n} (x_{i+} x_{+i})}{N^2 - \sum_{i=1}^{n} (x_{i+} x_{+i})} \tag{7-18}$$

式中，N 表示样本的总数；n 表示分类的类别数；x_{ii} 表示位于第 i 行、第 i 列的样本数，也就是被正确分类的样本数；x_{i+} 和 x_{+i} 分别是第 i 行、第 i 列的总像元数。

由于目前没有关于高铁线路提取的评价指标，因此本章借助道路提取的 3 个评价指标：完整率、正确率和提取质量作为高铁线路提取的评价指标，也具有一定的参考意义（戴激光等，2018）。这 3 个评价指标公式如下：

$$Completeness = \frac{D}{D+N} \tag{7-19}$$

$$Correctness = \frac{D}{D+P} \tag{7-20}$$

$$Quality = \frac{D}{D+P+N} \tag{7-21}$$

式中，D 为正确提取的高铁线路总面积；N 为未检测的参考线路总面积；P 为错误提取的高铁线路总面积，上述 3 种指标的最优值均为 1。其中提取质量是本次实验最全面也是最重要的指标。

7.4.2　实验结果与分析

1. 分割效果

首先，将 ESP2 工具加载到 eCognition 软件中，并通过 ESP2 工具对影像进行处理，得到 ROC_LV 曲线。然后，对生成的 ROC_LV 曲线的峰值进行仔细对比分析。最终得到了三幅影像的最佳分割尺度参数，其中 T1 为 153，T2 为 129，T3 为 148。经过多次实验对比分析，三幅影像的形状因子都设置为 0.7，紧凑度因子都设置为 0.3。三幅影像分割效果如图 7-8 所示。

T1 scale=153　　　　　　　　T2 scale=129　　　　　　　　T3 scale=148

图 7-8　最佳尺度分割图

由图 7-8 可知，三幅影像基本都是按照地物的轮廓进行分割的，都不存在欠分割但存在少量过分割的现象，而这并不影响整体的分割效果。其中，T2 和 T3 的建筑物分割得有点零碎，但植被和裸地分割得比较清晰。在三幅影像中，高铁线路都分割得比较清晰，这为后续提取高铁线路打下了良好的基础。

2. 分类结果

首先结合每幅影像的特征，通过目视解译的方法，选取相应的训练样本对影像进行训练。然后进行分类后处理，去除影像中的一些小碎斑。最终对一些明显分错的类别进行重新赋类和类别合并，得到比较满意的分类结果。采用三种分类方法分别对三幅影像进行分类所得结果如图 7-9 所示。从图中可以看出分类影像中的高铁线路都是非常完整的，并未出现断裂的现象，比较清晰地反映了高铁线路的走向。此外，各种地物的边界也清晰可见。

3. 精度评定

引入总体精度、Kappa 系数、完整率、正确率和提取质量 5 个指标对提取的高铁线路进行精度评价，结果如表 7-6 和图 7-10 所示。

使用 KNN、CART 和 SVM 三种面向对象分类方法提取的高铁线路的 5 个指标均在 0.9 以上，这表明提取效果良好。通过分析三种分类方法的结果发现，虽然 T1 的地物比 T2 和 T3 的地物更简单，但是 T1 的提取质量 0.9040、0.9007、0.9059 相对 T2 和 T3 的提取质量 0.9204、0.9202、0.9167 和 0.9202、0.9246、0.9190 更低。原因主要是高铁线路和旁边的裸地在光谱信息、形状信息和纹理信息中比较相似，在影像分割过程中，当执行分割操作时被分割成了同一个对象，导致后期被分成了同一种地物，使得提取质量相对较低。虽然 T3 的地物比 T1 和 T2 更复杂，但是完整率、正确率和提取质量都相对更高。这是因为 T3 高铁线路周边的地物比较单一，主要为植被，而植被在光谱等特征上与高铁线路差距较大，更容易区分，不容易分割成同一个对象，所以提取效果较好。因此，高铁线路的提取效果与其旁边地物的复杂程度有一定的关联性。

表 7-6   三种分类方法的评价指标

分类方法	影像	总体精度/%	Kappa 系数	完整率/%	正确率/%	提取质量
KNN	T1	0.9500	0.9351	0.9687	0.9312	0.9040
	T2	0.9600	0.9488	0.9703	0.9470	0.9204
	T3	0.9458	0.9314	0.9626	0.9543	0.9202
CART	T1	0.9611	0.9496	0.9687	0.9277	0.9007
	T2	0.9700	0.9617	0.9703	0.9469	0.9202
	T3	0.9375	0.9210	0.9613	0.9604	0.9246
SVM	T1	0.9444	0.9280	0.9587	0.9427	0.9059
	T2	0.9700	0.9617	0.9703	0.9431	0.9167
	T3	0.9292	0.9102	0.9629	0.9527	0.9190

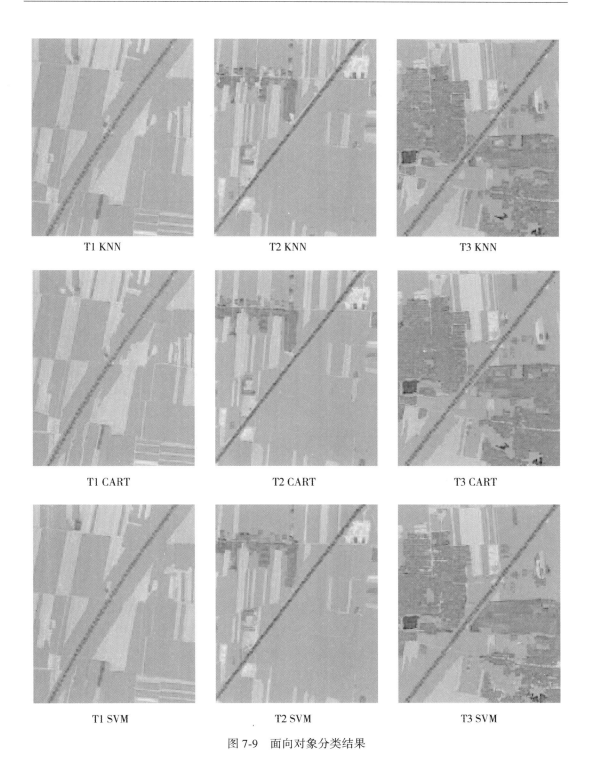

图 7-9 面向对象分类结果

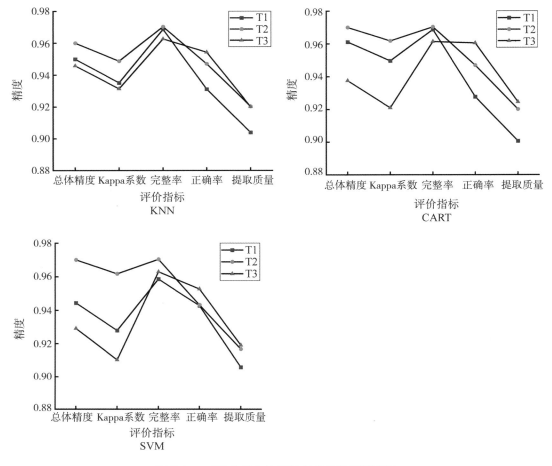

图 7-10　三种分类方法提取的高铁线路精度图

7.5　本章小结

上一章中对多种分割方法进行实验数据比较得出，多分辨率分割对于遥感影像分割具有较好的适用性。本章首先通过 ESP 分割参数优选工具在优先建立合理的分割参数选择基础上，以 GF-2 影像数据为研究对象，分别采用 K-最近邻分类、支持向量机分类、CART 决策树分类等面向对象分类方法进行实验分析，对三种面向对象分类方法的有效性进行评估。在进行面向对象分类实验过程中，本章分别提取遥感影像地物特征中的五大类（道路、植被、建筑、水体、裸地）和影像中的高铁线路。从最终的分类精度上来看，在五类地物提取任务中 KNN 分类的总体精度分别比 SVM 分类和 CART 决策树分类高出 19.46% 和 8.01%；Kappa 系数分别高出 0.3159 和 0.1129；制图精度分别高出 28.03% 和 19.48%；用户精度分别高出 39.59% 和 13.59%，因此，KNN 在面向对

象的分类中适应性更强，分类效果更佳；在高铁线路提取任务中，三种面向对象分类
方法提取高铁线路的 5 个指标均在 0.9 以上，实验结果表明基于 ESP 的面向对象分类
方法能够较好地提取高铁线路。

第8章 基于规则验证点的面向对象分类

在第5章中，对分类前的分割工作作了系统分析，并在此基础上对三种具有代表性的面向对象分类方法进行实验，通过数据对比分析验证了不同分类方法的适用性（Rama，2018）。然而，在实验过程中发现分类结果与分类后处理统计精度评定值之间存在差异化。鉴于此，本章提出一种基于规则验证点的面向对象分类方法。

8.1 概述

遥感影像分类是遥感应用的基础，其广泛应用于国土调查、城市规划、生态环保和自然灾害监测等领域（Foody，2002；Gong，2019）。随着遥感技术的不断进步，高分辨率遥感影像可提供的特征信息越来越丰富，如几何特征、光谱特征和纹理特征等。传统基于像素的分类方法因"同物异谱"及"同谱异物"的问题造成分类结果细碎且精度不高，已经不能满足高分辨率遥感影像信息提取的要求，面向对象分类方法因其具有良好的平滑性和较高的分类精度已经成为遥感影像分类的研究热点（Myint，2011；Chen，2013；Sun，2018；Wang，2019）。

马燕妮等提出将尺度估计方法应用于分形网络演化分割，该方法不需要先验知识的参与，且在分割前就可以自适应地估计出相对较为合适的尺度参数，能够提高面向对象信息提取的自动化程度（Ma，2017）。雷钊等提出了一种面向对象构建决策树的建筑点云高精度提取方法，该方法从机载激光点云数据中提取建筑物点的准确率高达 96%（Lei，2018）。梁林林等利用无人机高空间分辨率影像和面向对象分类技术进行了黑河上游俄博岭垭口冻土区热融滑塌监测实验，详细分析了最邻近、K-最近邻、决策树、支持向量机和随机森林 5 种面向对象监督学习方法提取冻土热融滑塌边界的性能和精度（Liang，2019）。Jin 等（2019）提出了一种将面向对象分类与深度卷积神经网络相结合的方法，并以覆盖抚仙湖周边地区的遥感影像为例，对 10 种土地利用类型进行了分类，结果表明提出方法能够有效解决典型特征分类不准确的问题，其分类精度明显高于深度卷积神经网络方法。

以往专家学者在面向对象分类中采用随机验证样本点进行精度评定，往往会出现样本聚集，在同一错误分类图斑上造成相同地物类别样本点分布过多，而其他分类正确的地物类别样本点分布较少，容易引起较大的精度评定误差，导致评定结果与分类效果不匹配。本章分别采用 K-最近邻分类、支持向量机分类、CART 决策树分类进行实验对比，在此基础上提出的基于规则样本点评价方法能有效地改善上述问题，提高精度评定值。

8.2 不同验证点下的面向对象分类

随着高分辨率遥感影像可提供的特征信息越来越多，如几何特征、光谱特征和纹理特征等，如何利用遥感影像特征对影像进行解译成为研究的重点。我国在遥感领域的发展已经达到了世界先进水平，并且被广泛应用于国民经济发展的各个方面(王新明，2018)。同时随着遥感数据获取手段的丰富，需要处理的遥感信息量也在急剧增加，如何提高影像分类精度成为遥感影像分类最为经典的问题之一，面向对象影像分析技术是在空间信息技术长期发展的过程中产生的，在遥感影像分析中具有巨大的潜力，要建立与现实世界真正相匹配的地表模型，面向对象的方法是目前为止较为理想的方法。本章使用面向对象分类中最常用的三种分类方法：K-最近邻法、支持向量机法、CART 决策树法等面向对象方法作对比。

在进行面向对象分类结果验证时，需要建立验证样本对遥感影像分类结果进行精度评定(李旗，2019)。传统验证方法是通过导入影像矢量文件创建随机验证点，将所得矢量图与分类后影像导入 eCognition 软件中进行精度评定。而本章提出采用规则验证点进行实验，首先将原始影像导入 ArcGIS 中通过创建矢量图平均划分，导入样本点并在样本点数量选择完成后对每一个点的属性进行命名，编辑验证样本属性值，会存在样本点出现在两种地物的临界点上，实验过程中能够及时发现并正确地对样本点的属性进行命名，完成规则验证点的创建图如图 8-1(a)所示。将导出的矢量文件输入 eCognition 软件中，在进行一系列的分割与分类操作后分别将不同数量的验证样本矢量图与分类结果结合，得到最终精度评定结果如图 8-1(b)所示。

随机验证点和规则验证点的分布对比图如图 8-2 所示。由图 8-2 可以看出，随机验证点容易出现样本点聚集现象(许多样本点分布在一个对象上)，造成分类精度评价不合理。规则验证点在图像分布上更加均匀，能够将验证点较为均匀地分布在各类对象上，有效地避免了因为某一错误分类对象的验证样本点分布较多而影响分类精度的评价。

本章通过 ArcGIS 软件结合目视解译的辅助方法对 GF-2 多光谱影像进行点矢量的选取，选取植被、裸地、道路、建筑、水体五大类地物，导入 eCognition 9.0 面向对象分析软件中，通过面向对象分类模块对影像分别用 CART 分类器、KNN 分类器、SVM 分类器进行数据处理，为了更有效地对分类结果进行比较，保证实验数据真实可靠，采用了相同的训练样本对 scale=40、shape=0.4 的影像进行面向对象分类比较，并对最优分割参数下随机验证点和规则验证点下最优精度验证结果进行对比。三种典型的面向对象方法 CART 分类器、KNN 分类器、SVM 分类器用于对研究区影像进行分类，然后将分类结果与两种不同验证点进行结合(Jeatrakul，2010；Giles，2002)。

在完成规则样本点的创建之后，将原始影像与样本点矢量图进行影像相交，并将相交后的矢量图导入 eCognition 软件中，同时分别添加三种面向对象分类结果(CART、SVM、KNN)矢量图，并查看导入样本点的要素名是否添加完成，对导入后的数据依次进行结合矢量分割—验证点转化为样本—还原分类结果操作。

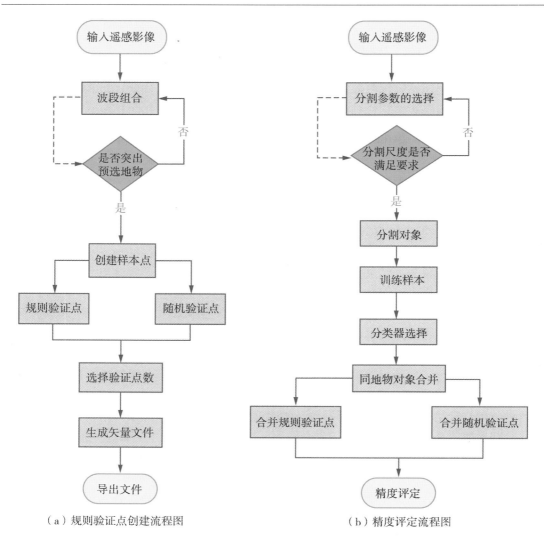

（a）规则验证点创建流程图　　　　（b）精度评定流程图

图 8-1　规则验证点创建与精度评定流程图

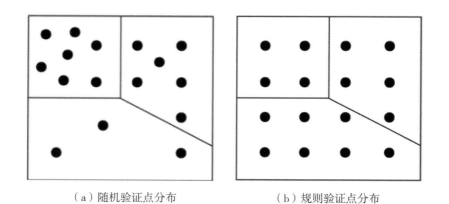

（a）随机验证点分布　　　　（b）规则验证点分布

图 8-2　随机验证点和规则验证点分布对比图

8.3 实验与分析

8.3.1 实验数据

本章采用高分二号(GF-2)遥感影像作为数据源,研究区域大小为 800 像素×800 像素,影像中的地物类别包括道路、植被、建筑、水体和裸地五类,参与分类的波段为红(R)、绿(G)、蓝(B)、近红外(NIR),实验数据如图 8-3 所示。

图 8-3　GF-2 原始影像

8.3.2 验证点的创建

将原始影像导入 ArcGIS 中,通过创建渔网将影像平均划分并创建样本点,导入样本点并在样本点数量选择完成后对每一个点的属性进行命名,完成规则样本点的创建,如图 8-4、图 8-5 所示。通过对比图 8-4 与图 8-5 得出规则验证点在影像分布上更加均匀,不同于随机验证点中出现的样本点聚集现象(许多样本点分布在一个对象甚至一个像元上),能够有效均匀地将验证点分配在各类地物上,有效避免了因为某一错误分类地物验证样本点分布较多极大影响总体分类精度。

8.3.3 实验结果

规则验证点和随机验证点分类影像效果图分别如图 8-6 和图 8-7 所示。本章将原始影像与样本点矢量图进行影像相交,将相交后的矢量图导入 eCognition 软件中,同时分别添加三种面向对象分类结果(CART、SVM、KNN)矢量图并查看导入样本点的要素名是否添加完成,对导入后的数据依次进行结合矢量分割—验证点转化为样本—还原分类结果操作。随机验证点的精度评定操作方式与规则样本点一致。

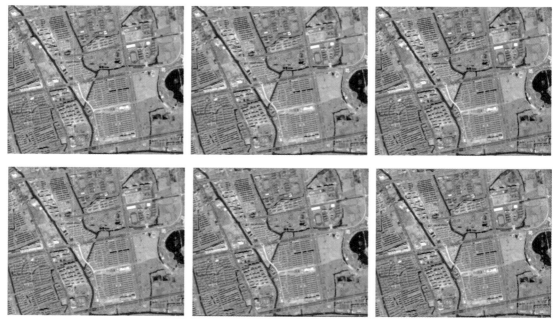

图 8-4　规则验证点创建效果图

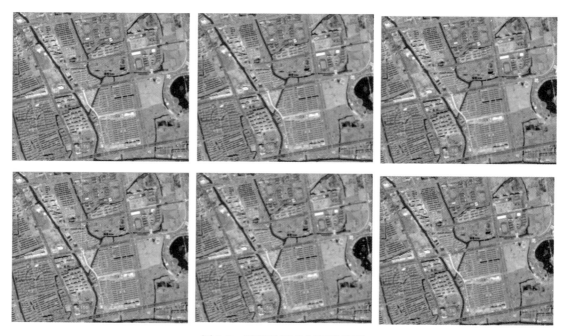

图 8-5　随机验证点创建效果图

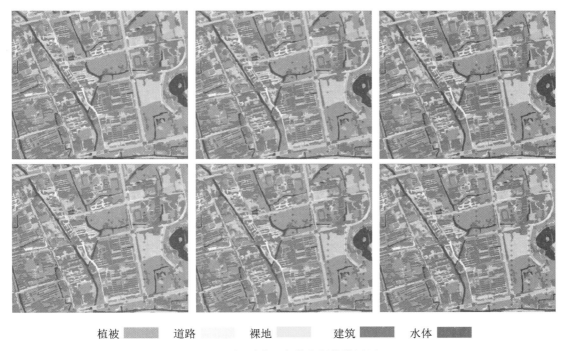

植被 ⬛　　　道路 ⬛　　　裸地 ⬛　　　建筑 ⬛　　　水体 ⬛

图 8-6　规则验证点分类影像效果图

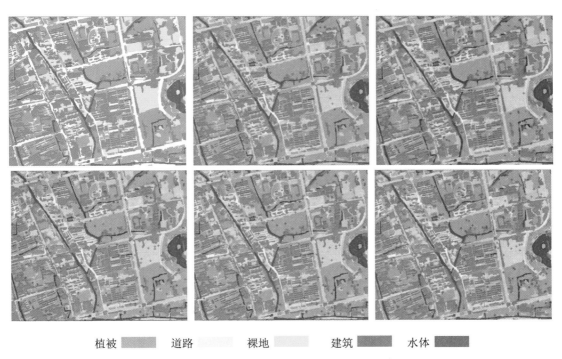

植被 ⬛　　　道路 ⬛　　　裸地 ⬛　　　建筑 ⬛　　　水体 ⬛

图 8-7　随机验证点分类影像效果图

8.3.4　实验分析

不同面向对象方法对地物类别的识别不具有泛化性，导致遥感影像分类过程中存在精度差异，因此，在影像处理过程中分割方法的选择尤为重要。为了更有效地进行下一步操作，本节将展示本章所提出方法的结果对比。在面向对象分类的基础上对最具代表性方法的实验结果进行精度评定及数据分析，结果如表 8-1 至表 8-6。

由表 8-1 可知：在 CART 的验证点样本数的实验中，当验证样本点数量取值在 200 附近时，规则验证点的分类精度和随机验证点的分类精度都达到了峰值，其中规则验证点总体精度的峰值为 91.94%，随机验证点总体精度的峰值为 86.58%。

表 8-1　CART 总体精度分析表

验证点样本数	规则点总体精度	随机点总体精度
50	86.58%	61.07%
100	85.90%	83.22%
150	86.58%	83.90%
200	91.94%	86.58%
250	88.60%	81.20%
300	87.25%	81.81%

表 8-2　CART Kappa 精度分析表

验证点样本数	规则点 Kappa 系数	随机点 Kappa 系数
50	0.7980	0.4550
100	0.7950	0.7510
150	0.8010	0.7670
200	0.8740	0.8100
250	0.8300	0.7320
300	0.8100	0.7480

由表 8-2 可知：当验证样本点数量取值在 200 附近时，规则验证点的 Kappa 系数和随机验证点的 Kappa 系数都达到了峰值，其中规则验证点 Kappa 系数的峰值为 0.874，随机验证点 Kappa 系数的峰值为 0.810。

表 8-3 KNN 总体精度分析表

验证点样本数	规则点总体精度	随机点总体精度
50	81.56%	65.60%
100	80.41%	83.84%
150	81.96%	72.00%
200	94.63%	86.58%
250	82.99%	71.20%
300	83.33%	81.81%

由表 8-3 可知：在 KNN 的验证点样本数的实验中，当验证样本点数量取值在 200 附近时，规则验证点的分类精度和随机验证点的分类精度都达到了峰值，其中规则验证点总体精度的峰值为 94.63%，随机验证点总体精度的峰值为 86.58%。

表 8-4 KNN Kappa 精度分析表

验证点样本数	规则点 Kappa 系数	随机点 Kappa 系数
50	0.7420	0.499
100	0.7130	0.769
150	0.737	0.586
200	0.918	0.810
250	0.751	0.595
300	0.766	0.748

由表 8-4 可知：当验证样本点数量取值在 200 附近时，规则验证点的 Kappa 系数和随机验证点的 Kappa 系数都达到了峰值，其中规则验证点 Kappa 系数的峰值为 0.918，随机验证点 Kappa 系数的峰值为 0.810。

表 8-5 SVM 总体精度分析表

验证点样本数	规则点总体精度	随机点总体精度
50	65.10%	46.30%
100	77.85%	62.42%
150	87.11%	59.06%
200	87.92%	86.36%
250	80.54%	63.76%
300	83.22%	61.74%

由表 8-5 可知：在 SVM 的验证点样本数的实验中，当验证样本点数量取值在 200 附近时，规则验证点的分类精度和随机验证点的分类精度都达到了峰值，其中规则验证点总体精度的峰值为 87.92%，随机验证点总体精度的峰值为 86.36%。

表 8-6　SVM Kappa 精度分析表

验证点样本数	规则点 Kappa 系数	随机点 Kappa 系数
50	0.440	0.205
100	0.642	0.438
150	0.808	0.395
200	0.810	0.801
250	0.693	0.462
300	0.734	0.450

由表 8-6 可知：当验证样本点数量取值在 200 附近时，规则验证点的 Kappa 系数和随机验证点的 Kappa 系数都达到了峰值，其中规则验证点 Kappa 系数的峰值为 0.810，随机验证点 Kappa 系数的峰值为 0.801。

通过以上实验数据对比得出，当验证样本点数量取值在 200 附近时，分类精度接近峰值，且规则验证点的峰值总高于随机验证点的峰值，比较其峰值可得，从规则验证点的总体精度来看，KNN 的峰值最高，为 94.63%，SVM 的峰值最低，为 87.92%；从规则验证点的 Kappa 系数来看，KNN 的 Kappa 系数最高，为 0.918，SVM 的 Kappa 系数最低，为 0.810。

8.4　本章小结

在面向对象分类中，通常采用随机验证样本点进行精度评定，但这种方法往往会出现样本聚集，在同一错误分类图斑上造成相同地物类别样本点分布过多，而在其他分类正确的地物类别样本点分布较少，从而引起较大的精度评定误差，导致评定结果与分类效果不匹配的问题。针对上述问题，本章采用 SVM、CART 决策树和 KNN 三种分类方法对遥感影像进行面向对象分类，并根据不同数量的验证点分别利用基于规则验证点和随机验证点对分类结果进行精度评定。实验结果表明，不论验证点的数量如何变化，基于规则验证点的精度评定方法受验证点数量变化的影响更小，三种分类方法在规则验证点下的最优总体精度分别达到了 87.92%、91.94% 和 94.63%。

第 9 章　顾及异常训练样本的面向对象遥感影像分类

9.1　概述

由于受到影像背景复杂、建筑物类型多样等因素的影响，使得建筑物提取精度无法满足应用需求。基于像素的传统分类方法因"同物异谱"及"同谱异物"的问题造成分类结果细碎且精度不高，而基于对象的面向对象分类方法具有较好的平滑性（Chen，2013；孙坤等，2018；王民等，2019）。

此外，在面向对象分类中，训练样本的选择至关重要，其质量将直接影响分类结果的准确性（Gong，2019）。然而，由于人为错误或有限的计算机识别条件，导致样本选择过程存在不纯训练样本，从而降低了分类结果的准确性。为了有效改善这一情况，可使用不确定性信息剔除不纯训练样本或基于集成的聚类细化方法提纯训练样本（Büschenfeld，2012；Chellasamy，2016；Liu，2020）。然而，上述方法通常需要大量的训练样本，导致用于样本优化耗时多且代价高。鉴于此，本章采用中值绝对偏差（Median Absolute Deviation，MAD）来提纯训练样本，采用基于数据精炼框架的方法，即中值绝对偏差来改进用于监督分类的训练样本。

第 8 章的研究表明 KNN 方法在面向对象分类中表现最好。本章结合该研究成果，提出一种 MAD-KNN 相结合的方法探测并剔除高分辨率遥感影像分类中样本异常值（Gong，2019）。本章中的两个关键步骤：

（1）采用 K-最近邻分类器对遥感影像进行分类。

（2）采用中值绝对偏差方法探测和剔除异常训练样本，并与传统方法和面向对象的形态学建筑物指数进行比较，验证 MAD 对提高分类精度的可行性。

9.2　MAD 方法在面向对象分类中的应用

中值滤波器的设计思想：因为噪声（如椒盐噪声）的出现，使该点像素比周围的像素亮（暗）许多。如果在某个模板中，对像素进行由小到大的重新排列，那么最亮的或者最暗的点一定被排在两侧。取模板中排在中间位置上的像素的灰度值替代待处理像素的值，就可以达到过滤去除噪声的目的，处理方法见图 9-1。

中值绝对偏差（MAD）方法计算简单，且计算时间短，能够较好地解决影像分类中含有异常训练样本的问题。假设为特定的类别创建了 n 个训练样本，并且要分类的遥感影像具有 d 个波段。给定 n 个独立随机变量 $(X_1, X_2, \cdots, X_n)$ 和相应的观测值 $\{x_1, x_2, \cdots,$

$x_n\}$，可以计算出样本中位数

$$\text{median}(x_i) \quad i = 1, 2, \cdots, n \tag{9-1}$$

式中，如果 n 是奇数，则中位数是排序后的中间值。当 n 是偶数时，中位数取排序后为 $n/2$ 和 $n/2 + 1$ 的观测值的平均值。

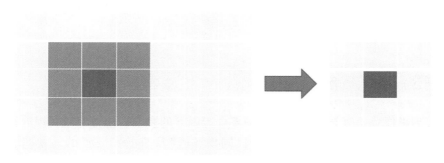

图 9-1　中值滤波器滤波处理方法

使用 MAD 提纯过程可以描述如下：

（1）对于第 i 个训练样本，计算属于训练样本的所有像元的每个波段的标准差 S_i。

（2）X_i 为 S_i 所有波段的标准差总和，$x_i = \sum_{m}^{d} s_i^m$ 即构成新观测值。

（3）对于 n 个训练样本，可以获得 n 个观测值，即 $\{X_1, X_2, \cdots, X_n\}$，它们可以由 MAD 直接建模。

基于中值的 MAD 方法首先由 Hampel（1974）提出，其影响函数是有界的。MAD 定义（Leys，2013）如下：

$$\text{MAD} = b \times \operatorname*{median}_{i=1, 2, \cdots, n} \left| x_i - \operatorname*{median}_{j=1, 2, \cdots, n} (x_j) \right| \tag{9-2}$$

式中，b 是常数（通常取 $b = 1.4826$）。

计算每个观测值 x_i 的判定系数

$$\frac{\left| x_i - \operatorname*{median}_{j=1, 2, \cdots, n} (x_j) \right|}{\text{MAD}} \tag{9-3}$$

式中，当判定系数超过给定的阈值时认定该变量 x_i 为异常数据。一般情况下，选择 2.5 为阈值较为合理（Leys，2013）。

9.3　实验设计

9.3.1　实验数据

本章选取两组实验数据 H1、H2 为分辨率 2m 的 GF-2 遥感影像（图 9-2），分别包含植被、建筑、水体、裸地、道路等主要地物类别，影像大小为 400 像素×400 像素，参与分类的波段为红（R）、绿（G）、蓝（B）、近红外（NIR）四个波段，NIR 波段能够有效地进行波段组合显示，影像中的植被、裸地、建筑、道路及水体等地物特征之间的光谱差异更具有代表性。

图 9-2 GF-2 遥感影像图(左图为 H1，右图为 H2)

9.3.2 实验流程

实验中主要针对两个重要环节，一部分是对最优分割参数的选择，另一部分是对样本是否含有异常值进行检测。在第 4 章中已经对最优分割参数的选择进行了研究，本章重点对异常样本的检测部分进行更深的实验与总结，流程如图 9-3 所示。

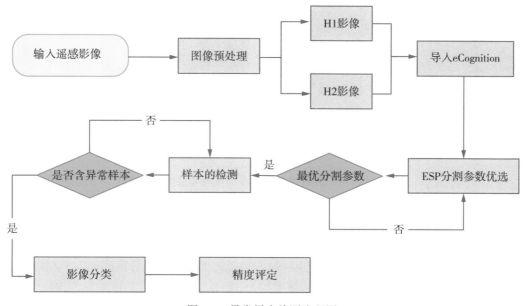

图 9-3 异常样本检测流程图

9.4 实验结果与分析

9.4.1 实验结果

在 KNN 方法中含有异常训练样本的分类结果如图 9-4(a)所示。结果发现，许多像素的植被被错误地分类为建筑物和裸地，因为在植被样本选取中有一个不纯的训练样本，它包含建筑和裸地的像素。在分类过程中区分所有地物类别是非常困难的，特别是建筑物、植被和裸地的像素严重混合在一起。为了清楚地对所有土地覆盖类别进行分类，采用了重新训练样本方案。在植被类中，7 个训练样本的观测值 x_i 分别为 65.765，60.374，42.456，95.236，60.006，248.416 和 137.317。然后，使用 MAD 的 7 个训练样本的决策标准可以直接从式(9-2)和式(9-3)中获得，即 0.237，0.000，0.543，0.787，0.425，3.238 和 1.529。结果发现，第 6 个训练样本的判定标准大于 2.5，表明在建筑类中应该是一个不纯的训练样本。因此，删除了不纯的训练样本。在 KNN 方法中的重新训练样本上学习的分类结果如图 9-4(b)所示，与图 9-4(a)中的结果相比，重新定义的训练样本的分类结果更符合原始地物特征，因为采用了重新训练样本方案来检测和去除不纯的训练样本。

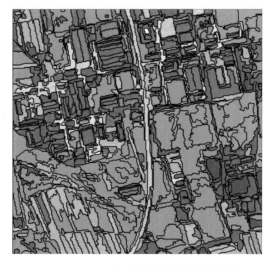 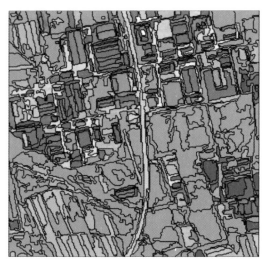

（a）H1含有单个不纯训练样本效果图　　　　　　（b）H1剔除单个不纯训练样本效果图

图 9-4　H1 单个训练样本提纯效果对比图

表 9-1 和表 9-2 分别为 H1 影像剔除不纯训练样本前后分类结果的混淆矩阵。植被中分别包含了建筑、水体和裸地。在使用 MAD 方法重新训练样本后，检测和去除不纯的训练样本。很明显，重新训练样本的整体准确性明显优于存在不纯训练样本。重新训练前的样本中，植被的像素数为 600，建筑的像素数为 319，训练后植被的像素数为 360，建筑和裸地的像素数分别为 458 和 109。对比两表可得到以下结论：

表 9-1 H1 影像单个不纯训练样本的混淆矩阵

分类	建筑	植被	裸地	水体	总计
建筑	270	27	0	0	297
植被	49	566	1	8	624
裸地	0	0	108	0	108
水体	0	7	0	37	44
总计	319	600	109	45	1073

表 9-2 H1 影像剔除单个不纯训练样本的混淆矩阵

分类	建筑	植被	裸地	水体	总计
建筑	449	0	0	0	449
植被	1	353	0	8	362
裸地	8	7	109	0	124
水体	0	0	0	37	37
总计	458	360	109	45	972

（1）在建筑类中，剔除异常样本前，建筑类 297 个像素中有 270 个被正确分类为建筑类，有 27 个被错误分类为植被类，而使用 MAD 方法剔除异常样本后，建筑类中 449 个像素中有 449 个像素被正确分类为建筑类。

（2）在植被类中，剔除异常样本前，植被类 624 个像素有 566 个被分类为植被类，49 个被分类为建筑类，8 个被分类为水体，1 个被分类为裸地，而使用 MAD 方法剔除异常样本之后，植被类 362 个像素仅有 9 个被分类为其他类。

（3）在水体类中，剔除异常样本前，有 7 个像素被错分成植被，而使用 MAD 方法剔除异常样本之后，水体类全部分类正确。

在 H2 影像剔除一个不纯的训练样本与 H1 影像方法相同。通过使用探测不纯训练样本方法，可以从建筑类中成功检测到不纯的训练样本并将其移除。H2 影像的完整训练样本的分类结果如图 9-5（a）所示。在视觉解译基础上得出，H2 影像剔除不纯训练样本的建筑物分类优于完整训练样本分类效果。用于不纯训练样本的更多植被像素被错误地分类为建筑，重新定义的训练样本的分类结果更符合原始地物特征。

表 9-3 和表 9-4 分别为 H2 影像剔除不纯异常训练样本前后分类结果的混淆矩阵。裸地中分别包含了建筑和水体。在使用 MAD 方法重新训练样本后，检测和去除不纯的训练

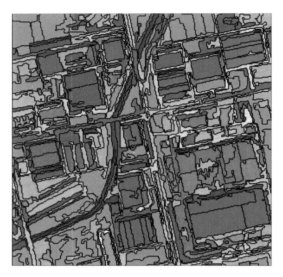 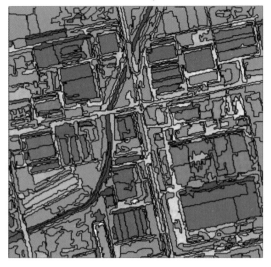

（a）H2含有单个不纯训练样本效果图 （b）H2剔除单个不纯训练样本效果图

图 9-5 H2 单个训练样本提纯效果对比图

样本。重新训练样本的整体准确性明显优于存在不纯训练样本。重新训练前的样本中，建筑的像素数为 683，裸地的像素数为 375，训练后建筑的像素数为 476，裸地的像素数为 375。对比两表可得到以下结论：

表 9-3 H2 影像单个不纯训练样本的混淆矩阵

分类	建筑	植被	裸地	水体	总计
建筑	643	2	26	0	671
植被	1	106	0	0	107
裸地	39	0	349	1	389
水体	0	0	0	33	33
总计	683	108	375	34	1200

表 9-4 H2 影像剔除单个不纯训练样本的混淆矩阵

分类	建筑	植被	裸地	水体	总计
建筑	475	2	7	0	484
植被	1	106	0	0	107
裸地	0	0	368	1	369
水体	0	0	0	33	33
总计	476	108	375	34	993

（1）剔除异常样本前，建筑类 671 个像素中有 643 个被正确分类为建筑类，有 28 个被错误分类为其他类，而使用 MAD 方法剔除异常样本后，建筑类中 484 个像素中仅有 2 个像素被错分为植被类，7 个被错分为裸地类。

（2）剔除异常样本前，裸地类中 389 个像素有 39 个被分为建筑类，而使用 MAD 方法剔除异常样本之后，裸地类 369 个像素中仅有 1 个像素被错分为水体类。

以上为剔除单个不纯训练样本的情况下的对比实验，但实际应用中常出现多个不纯训练样本，为研究出现多个不纯训练样本时本方法的效果，进行如下使用多个不纯训练样本的实验，如图 9-6 所示。

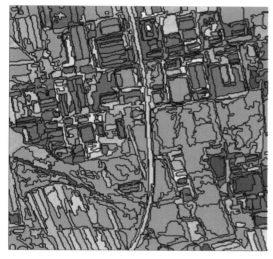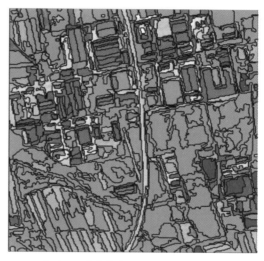

（a）H1多个不纯训练样本效果图　　　　　（b）H1剔除多个不纯训练样本效果图

图 9-6　H1 多个训练样本提纯效果对比图

在植被类中，6 个训练样本的观测值 x_i 分别为 43.240，51.336，50.142，43.501，292.314 和 30.658。然后，使用 MAD 的 7 个训练样本的决策标准可以直接从公式（9-2）、（9-3）中获得，即 0.465，0.501，0.546，0.477，3.843，0.425。结果发现，第 5 个训练样本的判定标准大于 2.5，表明在植被类中应该是有一个不纯的训练样本。在建筑类中，8 个训练样本的观测值 x_i 分别为 434.562，46.420，136.183，80.454，30.923，97.361，390.831 和 46.735，8 个训练样本的决策标准是 3.094，0.698，0.604，0.076，0.92，1.903，3.384 和 0.342，很明显，建筑类中有两个不纯的训练样本，因为第 1 和第 7 训练样本的决策标准大于 2.5，因此，删除了不纯的训练样本。在 KNN 的重新训练样本上学习的分类结果如图 9-6(b) 所示，与图 9-6(a) 中的结果相比，重新定义的训练样本的分类结果更符合原始地物特征，因为采用了重新训练样本方案来检测和去除不纯的训练样本。

表 9-5 和表 9-6 分别为 H1 影像剔除多个不纯训练样本前后分类结果的混淆矩阵。植被中分别包含建筑和裸地。在使用 MAD 方法重新训练样本后，检测和去除不纯的训练样本。很明显，重新训练样本的整体准确性明显优于存在不纯训练样本。重新训练前的样本中，植被的像素数为 520，建筑和裸地的像素数分别为 403、87，训练后植被的像素数为430，建筑和裸地的像素数分别为 403、45。对比两表可得到以下结论：

（1）剔除异常样本前，植被类 569 个像素中有 485 个被正确分类为植被类，有 84 个被错误分类，而使用 MAD 方法剔除异常样本后，植被类中总计 407 个像素中仅有 18 个被错误分类，相比剔除异常样本前，分类结果有所提高。

（2）剔除异常样本前，裸地类 21 个像素，仅有 15 个像素被正确分类。而使用 MAD方法剔除异常样本之后，裸地类 43 个像素中有 37 个被正确分类，对裸地的分类结果明显优于剔除异常样本前。

表 9-5　H1 影像多个不纯训练样本的混淆矩阵

分类	建筑	植被	水体	裸地	总计
建筑	391	29	0	0	420
植被	12	485	0	72	569
水体	0	0	109	0	109
裸地	0	6	0	15	21
总计	403	520	109	87	1119

表 9-6　H1 影像剔除多个不纯训练样本的混淆矩阵

分类	建筑	植被	水体	裸地	总计
建筑	393	35	0	0	428
植被	10	389	0	8	407
水体	0	0	109	0	109
裸地	0	6	0	37	43
总计	403	430	109	45	987

在 H2 影像剔除一个不纯的训练样本与 H1 影像方法相同。通过使用探测不纯训练样本方法，可以从建筑类中成功检测到不纯的训练样本并将其移除。H2 影像的完整训练样本的分类结果如图 9-7(a)所示。在视觉上，H2 影像剔除不纯训练样本的建筑物分类优于完整训练样本分类效果，用于不纯训练样本的更多植被像素被错误地分类为建筑，重新定义的训练样本的分类结果更符合原始地物特征。

表 9-7 和表 9-8 分别为 H2 影像剔除多个不纯训练样本前后分类结果的混淆矩阵。植被中分别包含了建筑和裸地。在使用 MAD 方法重新训练样本后，检测和去除不纯的训练样本。很明显，重新训练样本的整体准确性明显优于存在不纯训练样本的准确性。重新训

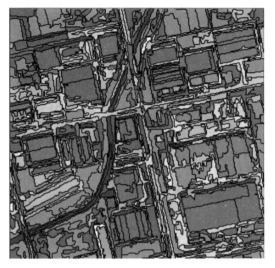 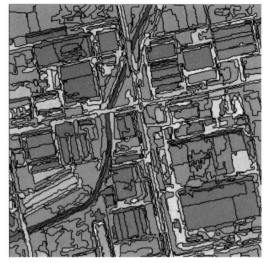

（a）H2多个不纯训练样本效果图　　　　　　（b）H2剔除多个不纯训练样本效果图

图 9-7　H2 多个训练样本提纯效果对比图

练前的样本中，植被的像素数为 354，建筑和裸地的像素数分别为 683、34，训练后植被的像素数为 108，建筑和裸地的像素数分别为 496、34。对比两表可得到以下结论：

（1）剔除异常样本前，建筑类 680 个像素中有 595 个被正确分类为建筑类，有 61 个被错误分类为植被类，24 个被错误分类为水体类，而使用 MAD 方法剔除异常样本后，建筑类中 492 个像素中有 488 个被正确分类，相比剔除异常样本前，分类结果有所提高。

（2）剔除异常样本前，植被类 344 个像素中有 67 个被分为建筑类，23 个被分为水体类，仅有 254 个被正确分类。而使用 MAD 方法剔除异常样本之后，植被类 107 个像素中仅有 1 个被分类为建筑类。对植被的分类结果明显优于剔除异常样本前。

（3）在剔除异常样本前，水体总计 389 个像素中有 21 个分类为建筑，39 个分类为植被，1 个分类为裸地。而使用 MAD 方法剔除异常样本后，水体全部分类正确。

表 9-7　H2 影像多个不纯训练样本的混淆矩阵

分类	建筑	植被	水体	裸地	总计
建筑	595	61	24	0	680
植被	67	254	23	0	344
水体	21	39	328	1	389
裸地	0	0	0	33	33
总计	683	354	375	34	1446

表 9-8　H2 影像剔除多个不纯训练样本的混淆矩阵

分类	建筑	植被	水体	裸地	总计
建筑	488	2	0	2	492
植被	1	106	0	0	107
水体	0	0	240	0	240
裸地	7	0	0	32	39
总计	496	108	240	34	878

9.4.2　实验分析

　　总体精度和 Kappa 系数作为评价遥感影像分类最终结果的两项最重要指标，本节通过图表统计出 H1、H2 影像在单个训练样本提纯前和提纯后的结果数据对比和 H1、H2 影像在多个训练样本提纯前和提纯后的结果数据对比。

　　表 9-9 和表 9-10 为在 H1 和 H2 两幅影像上单个训练样本提纯前、后分类结果对比。在 H1 影像中重新定义训练样本后，分类总体精度从 91.4259% 提高到 97.5309%，提高了 6.105%；Kappa 系数从原来的 0.8523 提高到 0.9607，提高了 0.1084。由于对建筑类训练样本使用 MAD 方法进行了提纯，分类结果得到显著增强。由表 9-10 得出，在 H2 影像中重新训练样本后，分类总体精度从 94.25% 提高到 98.8922%，提高了 4.6422%；Kappa 系数从原来的 0.8994 提高到 0.9819，提高了 0.0825。

表 9-9　H1 单个训练样本提纯结果

	总体精度/%	Kappa 系数
KNN	91.4259	0.8523
MAD-KNN	97.5309	0.9607

表 9-10　H2 单个训练样本提纯结果

	总体精度/%	Kappa 系数
KNN	94.2500	0.8994
MAD-KNN	98.8922	0.9819

　　表 9-11 和表 9-12 为在 H1 和 H2 两幅影像上多个训练样本提纯前、后分类结果对比。由表 9-11 得出，在 H1 影像中重新训练样本后，分类总体精度从 94.0223% 提高到 98.3655%，提高了 4.3432%；Kappa 系数从原来的 0.8278 提高到 0.9050，提高了

0.0772，分类结果得到显著增强。由表 9-12 得出，在 H2 影像中重新训练样本后，分类总体精度从 83.8791%提高到 98.6333%，提高了 14.7542%；Kappa 系数从原来的 0.7487 提高到 0.9769，提高了 0.2282。

表 9-11　H1 多个训练样本提纯结果

	总体精度/%	Kappa 系数
KNN	94.0223	0.8278
MAD-KNN	98.3655	0.9050

表 9-12　H2 多个训练样本提纯结果

	总体精度/%	Kappa 系数
KNN	83.8791	0.7487
MAD-KNN	98.6333	0.9769

图 9-8 和图 9-9 分别为提纯训练样本前、后分类结果的 Kappa 系数和总体分类精度对比图，由图中可以得到，两幅影像中无论是存在单个异常样本还是多个异常样本的情况，在经过 MAD 方法对训练样本提纯后，总体分类精度都能保持在一个比较高的水平，相较于未进行异常样本剔除前有比较大的提升。并且在 H2 影像中剔除多个异常样本后分类结果的总体精度和 Kappa 系数都有大幅度的提高。证明本章提出的 MAD 方法在异常样本的识别和剔除上有着较大作用。

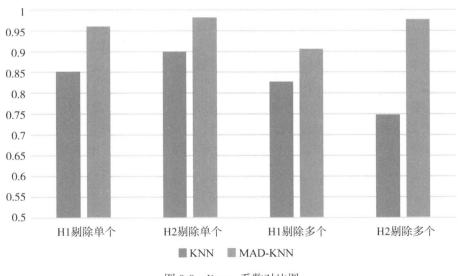

图 9-8　Kappa 系数对比图

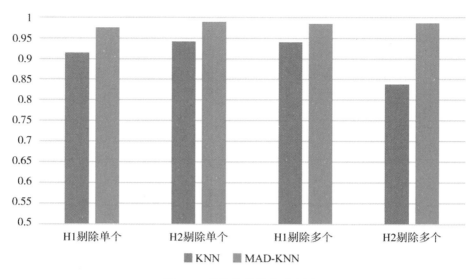

图 9-9　总体分类精度对比图

9.5　本章小结

　　本章提出了使用 MAD 提纯训练样本，以达到更合理的分类结果。通过在两组实验数据中比较完整训练样本和同一分类器在训练样本分类中的准确性，进行了对比实验检测，以评估改进的训练样本方案的性能，使用了两种定量方法，即总体精度和 Kappa 系数。在两组实验中，均使用了含异常训练样本和剔除异常训练样本进行分类比较，在含异常训练样本的情况下，参考减少像素正确分类的可能性，对存在异常值的样本进行重选。因此，剔除异常训练样本的总体精度和 Kappa 系数明显优于含异常训练样本。结果表明，通过对影像分类中的样本进行再训练可以获得更准确的结果。

　　在实验过程中得出了以下结论：

　　（1）椒盐噪声是幅值近似相等但随机分布在不同位置上，影像中有干净点也有污染点。中值滤波是选择适当的点来替代污染点的值，所以处理效果好。

　　（2）高斯噪声是幅值近似正态分布，可以分布在每点像素上，中值滤波能够检测到合适的干净点。

第10章　遥感影像场景分类

10.1　概述

随着遥感技术的迅速发展，遥感影像的数据量剧增、分辨率大幅提升，如何从众多的遥感影像中充分挖掘和利用其中蕴藏的价值信息亟待探索(Zhong et al.，2015；Lei et al.，2018)。场景分类是遥感影像解译和信息提取的一种重要手段，指的是通过大量计算机学习过程从多幅影像中区分出具有相似场景特征的影像，在土地利用/土地覆盖、灾情监测、植被区分、树种识别等领域均具有重要的应用价值(Lu et al.，2018)。遥感场景影像特征多样，不仅包括泛化性较差的低层视觉特征，还包含很多信息丰富、稳定性好、判别能力强的中层语义特征。为了从高分辨率遥感影像中挖掘高级语义信息，克服语义鸿沟的问题，场景分类技术引起了航空和卫星影像分析领域学者的大量研究(Xu et al.，2018；Zhao et al.，2016；Gong et al.，2019；Xu et al.，2016)。

卷积神经网络(Convolutional Neural Network，CNN)使用多阶段全局特征学习结构来适应性学习影像特征，相对于低层视觉特征和中层语义特征，可以通过大量数据学习到更多抽象的语义特征，避免了人工特征设计的盲目性(Krizhevsky et al.，2017；Yang and Wang，2019)。近年来，基于 CNN 的遥感影像场景分类受到了广泛关注(Maggiori et al.，2016；Yu et al.，2017；金永涛等，2018)。虽然 CNN 在遥感领域已经获得了较多的应用，但是该模型在高铁沿线遥感影像场景分类中的应用还没有得到系统的研究。为此，本章构建三种常用的 CNN 模型对高铁沿线遥感影像场景进行分类，通过合理的评价指标，比较三种 CNN 模型在高铁沿线遥感影像场景分类中的效果。

10.2　深度学习框架

10.2.1　Caffe

Caffe(Convolutional Architecture for Fast Feature Embedding)是一个兼具表达性、速度和思维模块化的深度学习框架，最初是由美国加州大学伯克利分校视觉和学习中心(Berkeley Vision and Learning Center，BVLC)开发的。Caffe 在 BSD 协议许可下开源，项目托管于 GitHub。2017 年 4 月，Facebook 发布 Caffe2，其中加入了递归神经网络等新功能。2018 年 3 月底，Caffe2 并入 PyTorch。Caffe 不仅完全开源，而且拥有多个活跃的社区用于沟通并解答问题。

此外，Caffe 还具有以下特点：

(1)表示和实现分离：Caffe 使用 Google 的 Protocol Bufer 定义模型文件，采用特殊的文本文件 prototxt 表示网络结构，以有向无环图的形式构建网络。

(2)文档比较丰富：Caffe 带有一系列参考模型和快速上手例程，还提供了一整套工具集，可用于模型训练、预测、微调、发布、数据预处理及自动测试等。

(3)接口类型多样：Caffe 的内核是用 C++编写的，还提供了 Python 和 MATLAB 接口，供使用者选择熟悉的语言调用、部署算法应用。

(4)训练速度较快：利用 OpenBLAS、cuBLAS 等计算库，而且支持基于 GPU 的加速计算内核库，如 NVIDIA cuDNN 和 Intel MKL，能够利用 GPU 实现计算加速。

早期的 Caffe 版本存在不支持多机、不可跨平台、可扩展性差等不足，尤其是 Caffe 的安装过程需要大量的依赖包，使初学者不易上手，虽然 Caffe2 在工程上做了很多优化，但仍然存在部分问题。

10.2.2　TensorFlow

TensorFlow 是一个异构分布式系统上的大规模机器学习框架，最初是由 Google Brain 团队开发的，旨在方便研发人员对机器学习和深度神经网络的研究。2015 年底，TensorFlow 正式在 GitHub 上开源，目前已经被广泛应用于学术研究和工业应用。TensorFlow 既可部署在由多个 CPU 或 GPU 组成的服务器集群中，也可使用 API 应用在移动设备中。

总体来看，TensorFlow 具有以下特点：

(1)技术支持强大：依托 Google 在深度学习领域的巨大影响力和强大的推广能力，TensorFlow 成为当今最炙手可热的深度学习框架，官网上可以查看最佳官方用途、研究模型、示例和教程。

(2)编程接口丰富：以使用广泛的 Python 语言为主，并能应用 C＋＋、Java、JavaScript、Swift 等多种常用的编程语言。

(3)移植性好：不仅可以在 Google Cloud 和 AWS 中运行，而且支持 Windows 7、Windows 10 等多种操作系统，还可以在 ARM 架构上编译和优化，用户可以在各种服务器和移动设备上部署自己的训练模型，无须执行单独的模型解码器或加载 Python 解释器。

(4)功能齐全：如基于计算图实现自动微分，使用数据流图进行数值计算，具备 GPU 加速支持等，性能相对较优异。

作为当前最流行的深度学习框架之一，TensorFlow 尽管取得了极大的成功，但是存在版本之间兼容性不足、底层运行机制过于复杂等问题，增加了普通用户在开发和调试过程中的难度。

10.2.3　PyTorch

PyTorch 是一个快速和灵活的深度学习框架，建立在旧版的 Torch 和 Caffe2 框架之上，利用改版后的 Torch C/CUDA 作为后端。PyTorch 通过集成加速库，如 Intel MKL 和 NVIDIA cuDNN 等，最大限度地提升处理速度。其核心 CPU、GPUTensor 和神经网络后端

Torch、Torch CUDA、THNN(Torch 神经网络)和 THCUNN(Torch CUDA 神经网络)等，都是使用 C99API 编写的单独库，并且融入了 Caffe2 的生产功能。同时，PyTorch 与 Python 深度集成，还允许使用其他 Python 库。

相比于 TensorFlow，PyTorch 具有以下特点：

（1）PyTorch 可替代 NumPy，可以获得 GPU 加速带来的便利，以便快速进行数据预处理。

（2）PyTorch 提供的变量可以自动更新，构建自己的计算图，充分控制自己的梯度。

（3）PyTorch 是动态图，可以随意调用函数，使代码更简洁。

（4）PyTorch 提供了很多方便的工具。

10.2.4　Keras

Keras 是一个由 Python 编写的开源人工神经网络库，可以作为 Tensorflow、Microsoft-CNTK 和 Theano 的高阶应用程序接口，进行深度学习模型的设计、调试、评估、应用和可视化。

Keras 在代码结构上由面向对象方法编写，完全模块化并具有可扩展性，其运行机制和说明文档将用户体验和使用难度纳入考虑，并试图简化复杂算法的实现难度。Keras 支持现代人工智能领域的主流算法，包括前馈结构和递归结构的神经网络，也可以通过封装参与构建统计学习模型。在硬件和开发环境方面，Keras 支持多操作系统下的多 GPU 并行计算，可以根据后台设置转化为 Tensorflow、Microsoft-CNTK 等系统下的组件。

在本章节的后续实验中，将会使用 Keras 作为深度学习框架。

10.3　本实验使用的神经网络

卷积神经网络(CNN)是一个多层的神经网络，一般由输入部分，卷积层和池化层构成的特征提取部分，以及全连接层形成的分类器组成，其中卷积层和池化层是实现 CNN 特征提取和选择功能的核心模块。卷积层是利用卷积的方式进行特征提取，池化层是对卷积特征进行下采样，使得特征维度大大降低，有效避免过拟合。图像在 CNN 中的映射过程是一个前向传播过程，上一层的输出作为当前层的输入。第 l 层的输出可以表示为(田壮壮等，2016)：

$$u^l = W^l x^{l-1} + b^l \tag{10-1}$$

$$x^l = f(u^l) \tag{10-2}$$

式中，l 表示层数，x 为特征图，W 为当前网络层的映射权值矩阵，b 为当前网络的加性偏置项，f 为激活函数。

10.3.1　AlexNet 模型

如图 10-1 所示，AlexNet 模型相较之前的神经网络模型的优点主要有使用 ReLU 激活函数和 DropOut 方法(Krizhevsky et al.，2017)。一方面，ReLU 可以有效改善梯度消失，另外 ReLU 只需一个阈值就可得到网络激活值，这可加速随机梯度下降的收敛。另一方面，在每个全连接层后引入多种权值组合的 DropOut 层，减少模型的过拟合问题。DropOut 层按照一定的概率通过阈值来控制神经元的激活状态(王民等，2019)。这种结构显著降低了神经元间复杂的互适应关系，从而确保网络模型提取的特征是相互独立的。本章所设计的 AlexNet 模型包含 3 个 3×3 的卷积层和 3 个分别为 128 个节点、128 个节点、7个节点的全连接层，卷积层后使用 ReLU 激活函数来解决梯度消失的问题。在每个卷积层后都使用最大池化技术，在池化层后的全连接层中使用 0.5 的 DropOut 方法来防止过拟合。

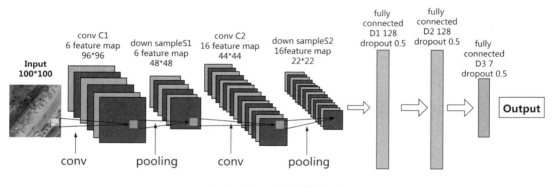

图 10-1　AlexNet 结构图

10.3.2　VGG-16 模型

VGG-16 模型相较 AlexNet 模型有两个明显的改动。一是改用连续的多个 3×3 的卷积核替代 AlexNet 模型原有的 5×5 和 7×7 卷积核，且卷积层都采用非常小的感受野。二是 VGG-16 模型拥有多个卷积层，在模型深度上远远超过 AlexNet 模型。这使得 CNN 模型可以提取到更为准确和深层的特征，从而提高网络模型的分类精度。本章所使用的 VGG-16 模型的输入是 100×100 的 RGB 图像，采用了 5 个卷积池化组，分别有连续 2 个二层和连续 3 个三层大小的卷积层组，所有的卷积层都采用 3×3 大小的卷积核。每个卷积层组之后都有一个池化层，池化层采用 2×2 的池化窗口，步长为 2。5 个卷积池化组之后是 3 个全连接层，分别为 128 个节点、128 个节点和 7 个节点，最后一个全连接层是输出层，分别对应模型输出的 7 个类别(金永涛等，2018)。VGG-16 结构图如图 10-2 所示(Gong et al.，2020)。

10.3.3　ResNet 模型

在传统的深层神经网络中，随着网络层数的增加，梯度在反向传播过程中会逐渐消失或爆炸，这导致网络难以训练，性能无法随着深度的增加而持续提升。为了解决这些问题，残差网络(ResNet)应运而生，ResNet 是对 VGG-16 的改进，该模型设计了残差模块，

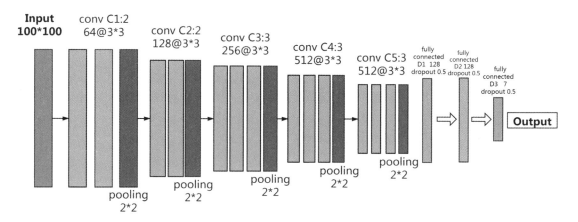

图 10-2　VGG-16 结构图

如图 10-3 所示。假设 x 是网络的输入，则深度网络的隐藏层可形式化地表示为 $H(x)$，残差块的隐藏层输出表示为 $H(x)+x$，即通过添加恒等变换的方式来解决网络的退化问题（He et al.，2016；Balnarsaiah et al.，2021；乔星星等，2021）。残差模块通过快捷连接实现，让堆叠的层适用于一个残差映射，通过快捷连接将多个卷积层级联的输入和输出元素进行神经元智能的加叠。这种做法不仅不会给网络模型

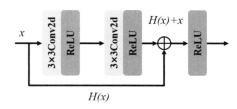

图 10-3　残差结构图

增加额外的参数和计算量，而且可以加快网络模型的训练速度。

　　ResNet 还有许多变体结构，例如 ResNeXt（如图 10-4 所示），它遵循了"分割—转换—合并"的范式，每条分支都采用相同的卷积层去提取特征，并将这些特征相加合并，从而实现更为全面的特征提取。

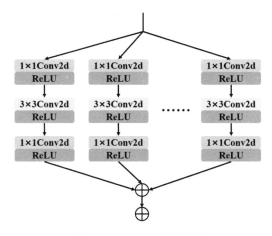

图 10-4　ResNeXt 结构图

10.4　实验设计

实验设计包括实验数据集、评价指标和实验步骤三个部分。对京沪高铁某段高分辨率遥感影像构建实验数据集，并选取合理的评价指标，采用上述三种 CNN 模型对其进行分类。

10.4.1　实验数据集

实验数据包含 7 类土地利用场景类型，分别为道路、房屋、工厂、裸地、农田、水体、植被。每种类别中有 500 张 100×100×3 的影像，影像分辨率为 1m（慎利等，2018；Gong et al.，2020），其场景数据示例如图 10-5 所示。

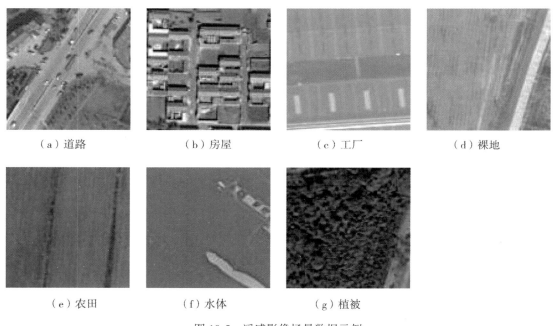

　　（a）道路　　　　　　　（b）房屋　　　　　　　（c）工厂　　　　　　　（d）裸地

　　　　　（e）农田　　　　　　　（f）水体　　　　　　　（g）植被

图 10-5　遥感影像场景数据示例

10.4.2　评价指标

目前主要使用的评价指标有总体分类精度、准确率、召回率和 F1- 综合评价指标。高铁沿线场景分类结果的评价参数有：T_P，表示正确识别出的图像个数；F_P，表示错误识别出的图像个数；F_N，表示没有识别出的图像个数。

（1）总体分类精度（Overall Accuracy，OA），是指被正确分类的图像数总和除以总图像数，总体分类精度的公式为

$$OA = \frac{T_P}{T_P + F_P + F_N} \tag{10-1}$$

（2）准确率（Precision），其含义针对其预测结果，表示所有被预测为正的样本中实际为正样本的概率，其公式为

$$P = \frac{T_P}{T_P + F_P} \tag{10-2}$$

（3）召回率（Recall），其含义针对其原样本，表示在实际为正的样本中被预测为正样本的概率，其公式为

$$R = \frac{T_P}{T_P + F_N} \tag{10-3}$$

（4）F1-综合评价指标是综合考虑准确率和召回率的指标，其是准确率和召回率的加权调和平均值，公式为

$$F1 = \frac{2 \times P \times R}{P + R} \tag{10-4}$$

10.4.3 实验步骤

本实验是基于 Python 接口的第三方开源的深度学习框架 Keras。在实验中，对 3 种 CNN 模型的初始化参数设置如表 10-1 所示。

表 10-1 实验参数设置

CNN	Iteration	Batch size	Learning rate	Weight decay	Momentum
AlexNet	100	32	0.001	0.0005	0.9
VGG-16	100	32	0.001	0.0005	0.9
ResNet	100	32	0.001	0.0005	0.9

本实验的主要步骤如下：

（1）使用 GDAL 库将高铁沿线遥感影像裁剪成 100×100×3 的影像，并进行人工标注，生成样本集。

（2）对影像进行归一化处理，再对归一化后的影像数据进行包括旋转、缩放等的变换，从而实现对训练样本的补充和扩展。

（3）分别构建 AlexNet 模型、VGG-16 模型和 ResNet 模型。

（4）将 80% 的样本集作为训练样本，采用随机法初始网络参数，并设定网络学习率、权值衰减值、动量参数等，通过后向传播和损失函数迭代得到整个模型参数。

（5）将剩下的 20% 样本集作为测试集，进行测试以验证模型的分类效果。

实验流程图如图 10-6 所示。

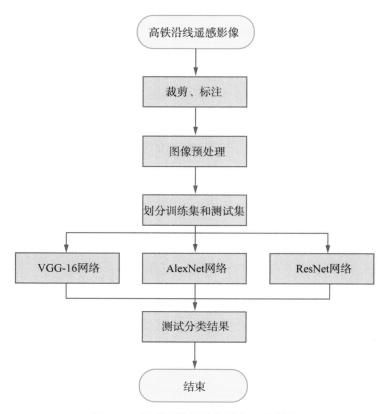

图 10-6　遥感影像场景分类实验流程图

10.5　实验结果与分析

10.5.1　实验结果

采用以上实验数据集进行实验设计，分别利用 AlexNet 模型、VGG-16 模型、ResNet 模型对高铁沿线遥感影像场景进行分类，使用总体分类精度、准确率、召回率和 F1-综合评价指标这四种指标对这三种 CNN 模型的分类结果进行比较分析。

选取每类场景中 80% 的影像作为训练样本，剩下的 20% 为待分类测试样本。分别使用 AlexNet、VGG-16、ResNet 模型对遥感影像场景进行分类，采用五折交叉验证方式对三种模型分类结果进行比较。图 10-7 为三种 CNN 模型训练集和验证集的总体分类精度曲线。从图中可以看出，在三种 CNN 模型训练中，总体分类精度曲线在迭代 10 次后逐渐平稳，说明收敛速度较快，可判定 CNN 模型对数据集进行了有效的学习。当迭代次数达到 100 次时，总体分类精度曲线均已明显收敛。三种 CNN 模型的总体分类精度结果如表10-2 所示。由表 10-2 可知，三种 CNN 模型的总体分类精度均在 89% 以上。这是因为 CNN 模型作为深层结构的分类器可以挖掘出隐藏在遥感影像中的复杂特征，提取到更加

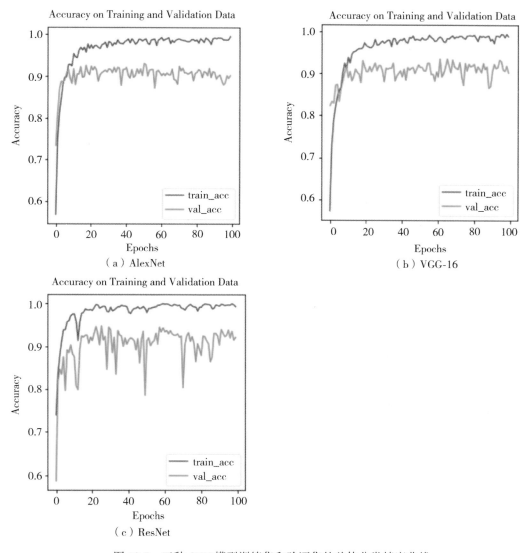

图 10-7 三种 CNN 模型训练集和验证集的总体分类精度曲线

丰富的地物语义特征。其中，ResNet 的总体分类精度最高，达到了 93.4%。

表 10-2 三种 CNN 模型的总体分类精度

CNN	OA
AlexNet	0.895
VGG-16	0.921
ResNet	0.934

10.5.2　实验分析

分别采用本章三种 CNN 模型进行高铁沿线遥感影像场景分类，得到的准确率(P)、召回率(R)和 F1-综合评价指标如表 10-3~表 10-5 所示。由表 10-3 可得，AlexNet 模型对空地分类的准确率较差(仅 73%)，而对房屋分类的效果最好，达到了 92%。7 类场景的准确率、召回率和 F1-综合评价指标的平均值分别为 84%、83% 和 83%。从表 10-4 中可以看出，VGG-16 模型对水体分类的准确率最低(仅 78%)，而对农田和工厂的分类效果较好，准确率分别达到 95% 和 91%。这些场景的准确率、召回率和 F1-综合评价指标的平均值在 85% 及以上。由表 10-5 可知，ResNet 模型对道路和房屋进行分类的准确率较低，分别为 76% 和 77%，而对植被的分类效果最好，准确率达到了 97%。采用 ResNet 模型对 7 类场景进行分类的准确率、召回率和 F1-综合评价指标的平均值分别为 86%、85% 和 85%。

表 10-3　AlexNet 模型的准确率、召回率和 F1-综合评价指标

AlexNet	P	R	F1
道路	0.84	0.77	0.81
房屋	0.92	0.83	0.87
工厂	0.84	0.93	0.88
空地	0.73	0.84	0.78
农田	0.86	0.73	0.79
水体	0.83	0.71	0.77
植被	0.81	1.00	0.90
均值	0.84	0.83	0.83

表 10-4　VGG-16 模型的准确率、召回率和 F1-综合评价指标

VGG-16	P	R	F1
道路	0.86	0.80	0.83
房屋	0.84	0.90	0.87
工厂	0.91	0.86	0.88
空地	0.82	0.89	0.85
农田	0.95	0.76	0.84
水体	0.78	0.80	0.79
植被	0.85	0.91	0.91
均值	0.86	0.85	0.85

表 10-5 ResNet 模型的准确率、召回率和 F1-综合评价指标

ResNet	P	R	F1
道路	0.76	0.81	0.79
房屋	0.77	0.81	0.79
工厂	0.86	0.90	0.88
空地	0.90	0.90	0.90
农田	0.83	0.86	0.85
水体	0.89	0.83	0.86
植被	0.97	0.84	0.90
均值	0.86	0.85	0.85

由以上结果可知，三种 CNN 模型的 7 类场景的准确率、召回率和 F1-综合评价指标的平均值均在 83% 到 86% 之间。对比图 10-8~图 10-10 可以得到，在道路类中，ResNet 的召回率比其他两种方法略高，但准确率不如其他两种方法，F1 综合评价指标表明在道路类的分类中 VGG-16 网络效果较好。在房屋类中，ResNet 网络的准确率与召回率均不如另外两种网络。在工厂类中，三个网络的分类能力接近。在空地类中，ResNet 网络的效果最好，准确率、召回率均最优，且 F1 综合评价指标达到了 0.9。在农田和水体类中，ResNet 网络均具有优势。在植被类中，AlexNet 的召回率很高，达到了 100%，而准确率比较低，ResNet 的召回率较低，但准确率较高，达到了 97%。

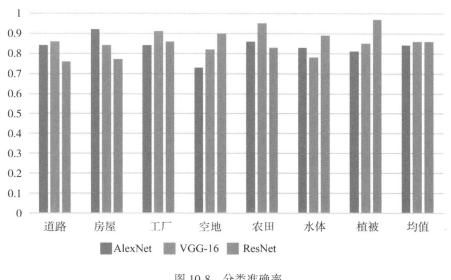

图 10-8 分类准确率

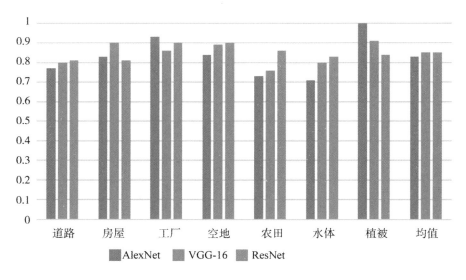

图 10-9　分类召回率

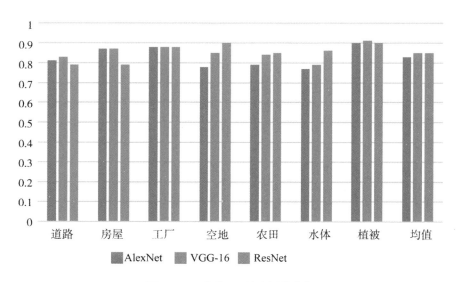

图 10-10　分类 F1-综合评价指标

对比同种网络对不同类别的分类效果可得，AlexNet 对房屋、工厂和植被的分类效果较好，F1 综合评价指标在 0.8 以上，其中植被类的召回率为 1，准确率却较低，证明 AlexNet 倾向于将场景分类为植被。ResNet 对除了房屋和道路的其他类分类效果较好，植被类的分类准确率很高，达到了 97%，而相比于如此高的准确率，召回率却比较低，证明 ResNet 网络在分类植被时比较谨慎，更倾向于将场景分类为其他类。VGG-16 网络相比于其他两个网络，对每类场景的分类能力更为平均，在农田类中出现了分类准确率很高而召回率较低的情况，说明 VGG-16 网络在分类农田时比较谨慎。

　　对比三个模型的分类结果，ResNet 模型在总体分类精度、准确率、召回率和 F1-综合评价指标上相较另外两种 CNN 模型都有一定的优势，其总体分类精度为 93.4%，准确率、召回率和 F1-综合评价指标的平均值分别为 86%、85% 和 85%。

10.6　本章小结

　　本章通过制作高铁沿线遥感影像数据集，构建三种 CNN（AlexNet、VGG-16、ResNet）模型，对道路、房屋、工厂、空地、农田、水体、植被这 7 种地物进行训练与测试，并对其进行比较评估，为有效区分高铁沿线的房屋和工厂，从而为快速检测高铁沿线的建筑物隐患提供有效的技术手段。实验得到以下结论：

　　（1）AlexNet、VGG-16、ResNet 三种 CNN 模型对高铁沿线遥感影像场景分类的总体分类精度均值在 89% 以上，最好的 ResNet 达到了 93.4%。这说明采用 CNN 模型对高铁沿线遥感影像进行场景分类的效果较好，可认为具有一定的实用价值。

　　（2）ResNet 模型既兼顾了网络的长度，又加入了残差模块来弥补长度增加的梯度弥散，因而在总体分类精度、准确率、召回率和 F1-综合评价指标上的表现均优于 AlexNet 和 VGG-16 模型，可认为采用 ResNet 模型进行高铁沿线遥感影像场景分类的效果最好。

第 11 章　基于自训练 CNN 的遥感影像场景分类

11.1　概述

随着科学技术的进步，影像数据的获取难度不断降低。在遥感场景影像方面，可以获取大量卫星或无人机的原始影像数据，但其中大多数的影像不含对应标签。在面对大量无标签的场景影像时，如何赋予其准确的标签已成为当前研究热点。由人工进行标注的标签准确率较高，但会耗费大量的时间和资源，效率较低（Ahn et al.，2019；贾霄等，2021），因此通常采用机器学习的分类算法对无标签的场景影像进行标注。然而无论采用何种方法对无标签影像进行分类，其赋予的标签中都含有异常标签，在遥感场景影像中这种分类完成后含有异常标签的数据称为伪标签（Pseudo-Labelling，PL）（杨雨龙等，2021）。使用含有异常标签的数据集将会在后续的研究中无法得到准确的结果，因此对无标签的遥感场景影像得到的伪标签进行异常探测就显得尤为重要。

无论是在观测数据中，还是在遥感影像分类前后，异常样本均可能存在，对实验方法的研究或在对实际应用的处理上都会造成一定的影响。若采取相关的研究方法对异常值或者异常样本进行探测与剔除，将会提高影像分类的精度。因此，选择合适的异常探测方法具有重要的意义。

上一章介绍了运用深度学习进行场景级分类的常用方法，并比较了三种网络进行场景分类时的分类精度。但由于训练深度学习网络需要大量的训练样本，需要人工对样本进行判别，不仅费时费力，也会有判断错误的情况发生。同时，遥感场景影像具有一定的复杂性，不能简单地将其转化为数值进行异常探测，而卷积神经网络因其具有良好的影像识别能力而被广泛采用，自训练算法又能解决卷积神经网络在训练样本太少时性能不足的问题。因此，本章将采用自训练算法与卷积神经网络结合的方法对场景级遥感影像进行异常探测。

11.2　实验方法

11.2.1　自训练算法

随着现代科学技术的飞速发展，如今快速高效地获取大量数据已成为可能，但获得的大多数是无标签数据，而获取有标签数据的成本依然较高。如果只使用少量的有标签样本进行学习，那么不仅会限制分类器的泛化能力，还会因忽略大量无标签数据中的有用信息而造成资源的浪费，因此对获得的数据赋予其准确的类别具有重要的意义（吕佳和李婷婷，2021；Ge et al.，2021）。

无标签数据分类通常采用以下三类方法，分别为监督分类、非监督分类和半监督分类。其中监督分类需要有一组有标签数据训练分类器，从而得到相关的分类模型和参数，该方法提供的有标签数据越多，其分类结果越准确。非监督分类不提供初始的有标签样本，仅根据数据之间的内在关系进行聚类，根据聚类结果将数据分为多个类别。半监督分类介于监督分类和非监督分类之间，同时使用了有标签数据和无标签数据，在分类的过程中既保证了精度又提高了效率。在半监督分类方法中自训练算法不需要大量的标签数据作为先验知识，仅利用少量的有标签数据训练大量的无标签数据，最终组成新的训练样本，因此在半监督分类方法中被广泛运用（Li et al.，2021；Pedronette and Latecki，2021；程康明和熊伟丽，2020；卫丹妮等，2021）。

自训练算法首先将原始数据分为有标签数据和无标签数据两部分，通过少量的真实标签给分类器提供训练，生成一个初始模型，再输入无标签数据进行预测，将置信度较高的标签数据加入真实标签中以扩充训练集，剩下的标签数据仍保留在伪标签数据集中。下一轮采用扩充后的真实标签数据进行训练，得到的模型对无标签数据进行预测，重复上述操作直至满足终止迭代的条件后输出最终的结果。本章通过真实标签对卷积神经网络进行初始训练，然后对含异常标签的伪标签数据集进行异常探测，将探测结果为正类的标签加入真实标签中，对于探测结果为异类的数据仍保留在伪标签中进行下一轮探测，重复运算直至各项指标稳定后输出异常探测的结果。

11.2.2 卷积神经网络

随着深度学习（Deep Learning，DL）的热度不断提升，作为其代表算法之一的卷积神经网络在实际运用中也越发广泛。CNN 是一种前馈神经网络（Feedforward Neural Networks，FNN），其中包含卷积运算且具有一定的深度结构，目前常用的卷积神经网络有：GoogleNet、ResNet、DenseNet 等。

1. GoogleNet

GoogleNet 是由 Google 团队于 2014 年推出的具有 Inception 模块的深度卷积神经网络模型，Inception 模块将多个卷积和池化运算组装成一个模块，内部由 4 个 1×1 卷积层（Convolution Layer）、1 个 3×3 卷积层、1 个 5×5 卷积层和一个 3×3 最大池化层（Max Pooling Layer）组成，每个卷积层后均包含一个批规范化层（Batchnorm Layer）和激活层（ReLU Layer），Inception 模块的具体结构如图 11-1 所示（Szegedy et al.，2015；陈斌等，2019；Jamali et al.，2021）。

GoogleNet 的网络结构中包含 3 个卷积层、5 个池化层、2 个批规范化层、9 个 Inception 模块和一个全连接层（Fully Connected Layer），最后通过 Softmax 函数进行类别输出，具体结构如图 11-2 所示。本章主要对数据集中含有的异常标签进行探测，因此在 Softmax 之后增加一个判断结构，将输入的标签与网络输出的标签进行匹配，若匹配结果一致，认为该影像的标签是正确的，否则认为该影像的标签是错误的。

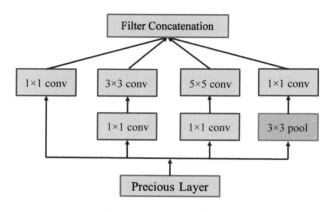

图 11-1 Inception 结构图

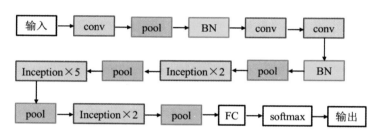

图 11-2 GoogleNet 结构图

2. ResNet

随着卷积神经网络的深度不断增加，其在训练过程中就会出现梯度消失(Vanishing-Gradient)的问题，使得深层网络的训练误差和预测误差大于浅层网络，导致深层网络的性能降低。为了解决这个问题，何凯明等人于 2016 年提出了 ResNet，其做出的改变就是引入了残差卷积层，如图 11-3 所示，残差卷积层将输出层的 $H(x) = F(x)$ 改变为 $H(x) = F(x) + x$，这样在误差反向传播(Error BackPropagation)中就不会出现梯度为 0 的情况，很好地解决了深层网络梯度消失的问题(He et al., 2016；Balnarsaiah et al., 2021；乔星星等，2021)。

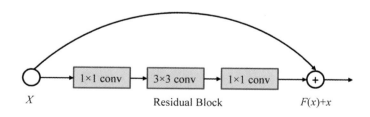

图 11-3 残差结构图

本章采用 ResNet-50 网络结构，其中包含 1 个卷积层、2 个池化层、16 个残差卷积层和 1 个全连接层。残差块一共分为 4 部分，每部分的数量分别为 3、4、6 和 3，具体的 ResNet 网络结构如图 11-4 所示。同样，在 softmax 函数之后增加一个判断结构，将预先输入的标签与网络输出的标签进行匹配，判断测试影像的标签是否准确。

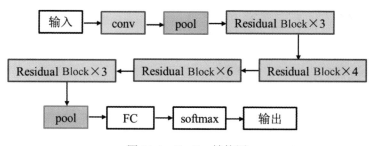

图 11-4　ResNet 结构图

3. DenseNet

同样是为了解决深层网络梯度消失的问题，Huang 等人在 2017 年提出了 DenseNet 结构，该结构不同于 ResNet 的残差结构。DenseNet 引入了 Dense Block 结构，将每一层与之前的所有层相关联（如图 11-5 所示），同时为了避免不同层连接之后通道数较大成为网络的负担，又在传输层（Transition Layer）中引入 2×2 的平均池化层和通道数减半操作，以提高计算效率（Huang et al.，2017；张峰极等，2020；Tao et al.，2018）。通过 Dense Block 和 Transition Layer 相结合的方式，DenseNet 有效地减轻了梯度消失的问题，特征传递的加强也在一定程度上减少了参数的数量。

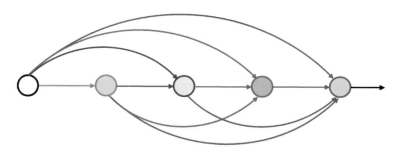

图 11-5　Dense Block 结构图

本章采用 DenseNet-121 网络结构，其中包含了 1 个卷积层、2 个池化层、4 个 Dense Block 层、3 个传输层和 1 个全连接层。4 个 Dense Block 层中含有的卷积层个数分别为 6、12、24、16，具体 DenseNet 网络结构如图 11-6 所示。与 GoogleNet 和 ResNet 相同，在输出模块中增加判断结构用以测试影像的标签是否准确。

11.2.3　自训练 CNN 探测方法

在遥感场景影像中，每幅影像都具有一定的复杂性，其亮度值在 0 到 255 之间，如果

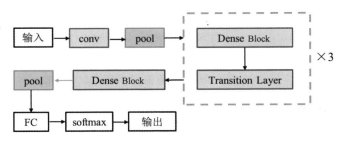

图 11-6　DenseNet 结构图

只是简单地将影像转化为数值进行异常探测,那么将无法获得准确的探测结果。卷积神经网络通过训练可以有效地识别出每个场景类别对应的特征,因此在影像分类、目标检测、迁移学习中被广泛采用。虽然卷积神经网络能够较好地识别不同类别的复杂影像,但其性能会受到初始训练样本数量的影响,当初始训练样本较少时,其识别性能会大大降低,而自训练算法可以通过迭代运算不断地扩充训练集,以解决卷积神经网络在训练样本不足时性能较低的问题。为了探测出场景级遥感影像中的异常训练样本,本章充分利用自训练算法和卷积神经网络的优势,提出自训练卷积神经网络方法,具体的实验步骤为:

(1)在含有错误标签的场景影像数据集中提取出少量的准确标签数据作为真实标签,并将剩余的数据作为伪标签数据。

(2)将真实标签数据作为训练集训练 3 个卷积神经网络模型(GoogleNet、ResNet 和 DenseNet),利用训练结果对伪标签数据进行异常探测。

(3)将探测结果为正类的数据加入真实标签中,将探测结果为异类的数据作为伪标签进行下一轮探测。

(4)重复上述步骤(2)~(3),直至各项指标变化稳定后结束迭代,根据评价指标统计场景级遥感影像异常探测的结果。

具体计算流程如图 11-7 所示。

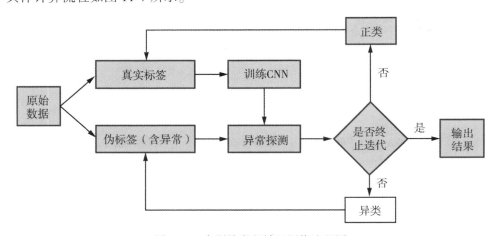

图 11-7　自训练卷积神经网络流程图

11.3　实验设计

本章主要对自训练卷积神经网络异常探测的实验参数及环境、评价指标和探测次数的选择等内容进行介绍。

11.3.1　数据集及图像预处理

本章一共采用两个遥感场景数据集，分别是 SIRI 数据集和 RSSCN 数据集。其中 SIRI 数据集（SIRI-WHU Dataset）由武汉大学在 2016 年发布，该数据资源来自 Google Earth，其中包含 12 个场景类别，分别是农田、商业区、港口、裸地、工业区、草地、立交桥、公园、池塘、住宅区、河流和湖泊。每类均有 200 张影像，像素大小为 200×200，空间分辨率为 2m（Zhao et al.，2016；龚希等，2021），每个场景影像示例如图 11-8 所示。

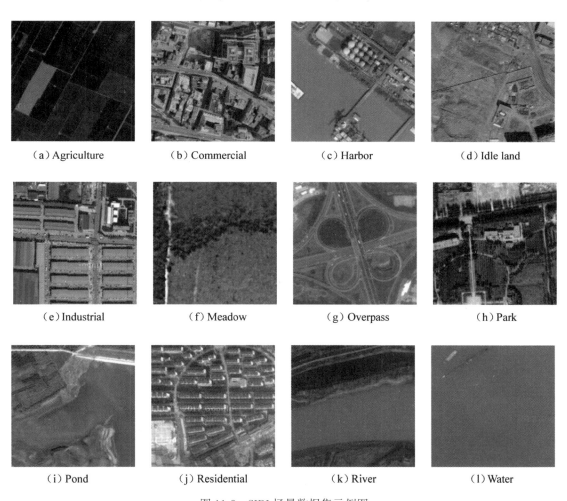

(a) Agriculture	(b) Commercial	(c) Harbor	(d) Idle land
(e) Industrial	(f) Meadow	(g) Overpass	(h) Park
(i) Pond	(j) Residential	(k) River	(l) Water

图 11-8　SIRI 场景数据集示例图

第二个遥感场景数据集为 RSSCN（RSSCN7 Dataset），在 2015 年由武汉大学发布，其采集于不同的季节和天气环境下，保证了同一类别影像的丰富性（Zou et al.，2015；邓培芳等，2021）。该数据集一共包含 7 个场景类别，分别是草地、农田、工业区、河湖、森林、住宅区和停车场，其中每个类别包含 400 幅影像，像素大小为 400×400，每个场景影像示例如图 11-9 所示。

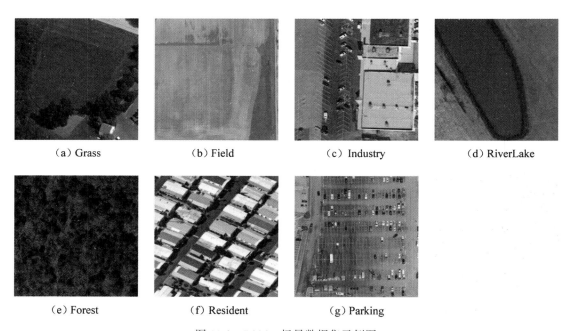

（a）Grass　　　　　（b）Field　　　　　（c）Industry　　　　　（d）RiverLake

（e）Forest　　　　　（f）Resident　　　　　（g）Parking

图 11-9　RSSCN 场景数据集示例图

对含有异常标签的遥感场景影像数据进行异常探测时，本章方法需要通过先验知识获取一定数量的正类标签作为初始训练样本，再不断进行迭代运算以加强网络模型的性能，从而提高对异常标签的探测能力。综合考虑运算效率和人工成本，本章选取 10% 的正类标签作为真实标签，即训练集（对于未知准确率的数据集则由人工进行标记），再对剩余90% 影像的标签进行修改，使得每类影像含有 5%～30% 的异常标签作为伪标签并保持总数不变。具体的真实和异常标签数量如表 11-1 所示，通过 10% 的真实标签及自训练卷积神经网络法对伪标签进行探测。本章采用的 SIRI 和 RSSCN 两类数据集在读取之后还需要进行影像预处理，对其依次进行影像裁剪并缩放至 224×224 像素、影像翻转、张量转换和影像归一化处理。

表 11-1　每类场景真实和异常标签数量表

数据集	真实标签	含 5%（正+异）	含 10%（正+异）	含 15%（正+异）	含 20%（正+异）	含 25%（正+异）	含 30%（正+异）
SIRI	20	171+9	162+18	153+27	144+36	135+45	126+54
RSSCN	40	342+18	324+36	306+54	288+72	270+90	252+108

11.3.2 实验参数及环境

通过前期的测试，本章实验参数设置如下，设定 epoch 为 200，由于卷积神经网络在训练时前期可设置较大学习率以加快收敛速度，后期设置较小学习率使得损失函数收敛在最优值附近（即 loss 稳定时其值尽可能小），因此学习率分为两部分，在第 1~100 的 epoch 中学习率设置为 0.01，第 101~200 的 epoch 中学习率设置为 0.001。批次大小设置为 32，损失函数选取交叉熵误差，优化方法为随机梯度下降法（Stochastic Gradient Descent，SGD），动量设置为 0.9。

本章的实验环境如下，Windows 10 操作系统，处理器为八核十六线程的 Intel(R) Core(TM) i7-11700K 3.6GHz，内存为 16GB(8GB×2)3200MHz 的双通道内存条，显卡为华硕 NVIDIA GeForce RTX 3060 12GB，CUDA 为 11.0，深度学习框架为 Pytorch，编程语言为 Python 3.6。

11.3.3 评价指标

对于遥感场景影像的异常探测会出现以下四种情况，分别是：将正确类探测为正确类（True Positive，TP），将正确类探测为异常类（False Negative，FN），将异常类探测为正确类（False Positive，FP）和将异常类探测为异常类（True Negative，TN）。根据这四种情况就能得出以下四个评价指标，分别是准确率（Accuracy）、精确率（Precision）、召回率（Recall）和 F1-score。其中：准确率是指探测正确的占所有探测的比例，即把正类探测为正类和把异类探测为异类的和除以总的探测次数；精确率指的是探测结果中实际为正类的占探测为正类的比例；召回率是指探测为正类的占实际全部正类的比例。精确率和召回率是相互矛盾的，因此可以同时考虑精确率和召回率，选择它们之间的一个平衡点，即 F1-score。计算方法分别见式(11-1)~式(11-4)：

$$\text{Acc} = \frac{\text{TP+TN}}{\text{TP+FN+FP+TN}} \tag{11-1}$$

$$P = \frac{\text{TP}}{\text{TP+FP}} \tag{11-2}$$

$$R = \frac{\text{TP}}{\text{TP+FN}} \tag{11-3}$$

$$\text{F1-score} = 2 \times \frac{\text{Precision} \times \text{Recall}}{\text{Precision+Recall}} \tag{11-4}$$

11.3.4 探测次数的选择

探测次数的选择关乎异常探测的效果和效率，前期由于初始真实标签仅占数据集的 10%，探测效果通常不够理想，而随着探测次数的增加，网络性能的不断增强，探测效果越来越好，但所需要的时间也在不断增加，因此有必要选择一个合适的节点结束探测。三种自训练卷积神经网络在两种数据集含不同异常标签比例的探测中变化规律基本保持一致，因此本节选取异常标签占 20% 的结果进行展示，所得结果如图 11-10 所示。

由图 11-10 可以看出，初次探测时的准确率、召回率和 F1-score 都较低，分别在 73.2%~80.8%、66.7%~76.3% 和 79.0%~86.2% 之间。随着探测次数的增加，三项指标均在不断提高，当探测次数为 6 时，各项指标已经趋于稳定。而精确率在初次探测时均在 99% 以上，证明加入真实标签的正类样本中几乎不含错误标签。但是随着探测次数的增加，精确率会逐渐减小，这是因为每次探测都会有少数异常样本被当作正类影像加入真实标签中，导致精确率不断下降。综合考虑准确率、精确率、召回率和 F1-score 四项评价指标，即认为当探测次数为 6 时已经趋于稳定，因此后续实验的异常探测次数均为 6 次。

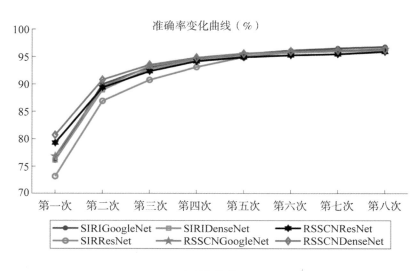

（a）准确率

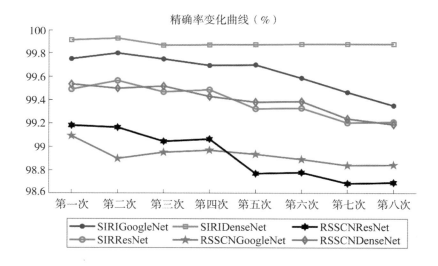

（b）精确率

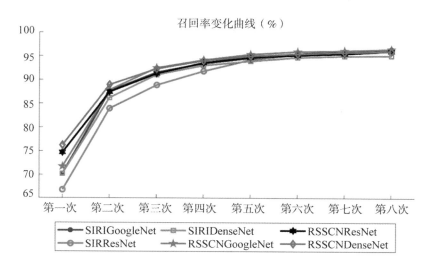

（c）召回率

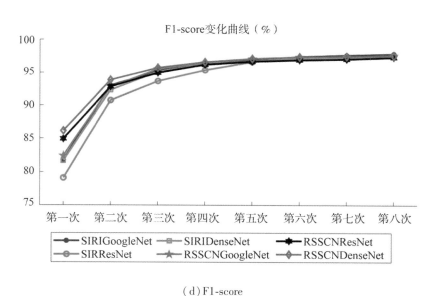

（d）F1-score

图 11-10　四个指标的变化曲线图

11.4　SIRI 数据集的实验结果与分析

11.4.1　自训练 GoogleNet 的实验结果与分析

自训练 GoogleNet 在 SIRI 中异常探测的准确率如表 11-2 所示，6 种异常标签占比的数据在第一次探测时效果均不够理想，有大量的数据未能判断准确，最低为异常占比为 5%时，其值为 69.722%，最高为异常占比为 30%时，其值为 77.546%。通过三次探测之后，准确率均得到大幅增加，这六种异常标签占比 5%~30%的准确率均在 92.3%以上。在第四次、第五次、第六次探测中，准确率上升已趋于平缓，在第六次探测后六种异常标签占比的准确率分别为 96.944%、96.944%、96.435%、96.111%、96.435%和 95.509%，均在 95.5%以上。

表 11-2　自训练 GoogleNet 在 SIRI 中异常探测的准确率(%)

异常占比	第一次	第二次	第三次	第四次	第五次	第六次
5	69.722	88.102	93.750	95.370	96.481	96.944
10	71.667	88.704	93.241	95.694	96.713	96.944
15	72.593	88.472	93.056	94.676	95.972	96.435
20	76.065	89.954	93.056	94.537	95.463	96.111
25	75.880	88.565	93.009	94.954	95.741	96.435
30	77.546	89.398	92.315	93.704	94.907	95.509

通过准确率这一指标仅能得出异常探测的整体效果，如果想获得具体的探测情况，还需要有精确率、召回率和 F1-score 三个指标，具体结果如图 11-11 和表 11-3 所示，精确率是探测为正类的结果中实际为正类的比例，在实际探测过程中，由于网络性能的限制，每次探测时都会有少量的异常标签被错误地判断为正类加入真实标签中，因此图 11-11(a)的精确率在第一次探测时能够取得较高的结果，随着探测次数的增加，其结果也在逐渐降低，同时可知当异常标签占比为 25%和 30%时，精确率明显低于异常标签占比小于等于 20%的情况，原因是当数据集中异常标签占比越高，异常标签被错误判断的情况就越多，其值就相对较低。自训练 GoogleNet 的异常探测的召回率如图 11-11(b)所示，其结果为正类样本被正确探测的比例，整体变化趋势和准确率变化一致。

由于第一次探测的真实标签较少，网络模型性能较低，探测效果不够理想，随着探测次数的增加，网络模型不断增强，对正类标签的探测准确率越来越高，因此召回率也随之升高。当异常标签占比为 30%时，召回率在整个探测过程中均略低于其他异常标签占比。在探测过程中，精确率呈现逐步下降的趋势，而召回率却在不断上升，因此需要采用 F1-score 指标来衡量其整体的探测效果，具体结果如表 11-3 所示。虽然精确率在探测过程中会出现下降的趋势，但其整体的结果仍在 98.8%以上，因此结合了精确率和召回率的 F1-score 结果相对于准确率有所提升，整体趋势保持一致。六种异常标签占比的 SIRI 数据集在第一次探测时，F1-score 都保持在 80%左右。第三次探测时，除异常占比为 30%的情况

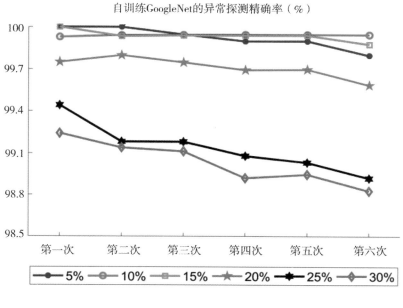

（a）精确率

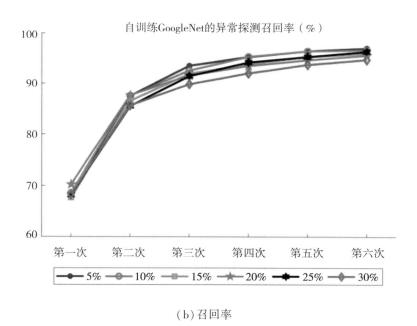

（b）召回率

图 11-11 自训练 GoogleNet 在 SIRI 中异常探测的精确率和召回率

外，其他结果都在 95.0% 以上。六次异常探测的结果相对于前五次都达到了最高，分别为 98.335%、98.239%、97.794%、97.444%、97.551% 和 96.603%，其中含 5% 异常占比的 F1-score 最高。

表 11-3　自训练 GoogleNet 在 SIRI 中异常探测的 F1-score(%)

异常占比	第一次	第二次	第三次	第四次	第五次	第六次
5	80.143	93.020	96.491	97.449	98.073	98.335
10	80.389	93.065	96.010	97.508	98.103	98.239
15	79.899	92.370	95.557	96.645	97.482	97.794
20	81.729	93.003	95.253	96.328	96.996	97.444
25	80.301	91.624	95.056	96.476	97.054	97.551
30	80.170	91.465	93.936	95.117	96.116	96.603

11.4.2　自训练 ResNet 的实验结果与分析

自训练 ResNet 在 SIRI 中异常探测的准确率如表 11-4 所示，六种异常标签占比的数据在第一次探测时较低，均在 68.6%~76.0% 之间，有部分数据未能准确判断，最低为异常占比为 5% 时其值为 68.657%，最高为异常占比为 30% 时其值为 75.926%。通过三次探测之后，除 10% 外其他五种异常标签占比的准确率均在 90.6% 以上，而含 10% 异常标签的探测准确率仅有 89.074%。在第六次探测后六种异常标签占比的准确率分别为 95.370%、95.046%、95.926%、95.833%、96.157% 和 94.861%，异常占比为 25% 时准确率最高，异常占比为 30% 时准确率最低。

表 11-4　自训练 ResNet 在 SIRI 中异常探测的准确率(%)

异常占比	第一次	第二次	第三次	第四次	第五次	第六次
5	68.657	86.065	91.759	93.565	94.907	95.370
10	70.046	81.991	89.074	92.361	94.120	95.046
15	69.907	85.602	91.620	93.935	95.324	95.926
20	73.194	86.898	90.741	93.102	94.907	95.833
25	73.241	86.944	91.759	94.352	95.417	96.157
30	75.926	86.481	90.602	92.731	94.398	94.861

精确率、召回率和 F1-score 三个指标的具体结果如图 11-12 和表 11-5 所示，图 11-12(a)的精确率在第一次探测后均接近 100%，在异常标签占比为 15%、20%、25% 和 30% 时探测过程呈下降的趋势，但在异常占比为 5% 和 10% 时，精确率随着探测次数的增加，其结果仍保持稳定，未出现下降的情况，最终明显高于异常标签占比大于 10% 的情况，说明数据集中异常标签占比越低，异常标签被错误判断的情况就越少，其值也就越稳定。自训练 ResNet 的异常探测的召回率如图 11-12(b)所示，第一次探测结果不够理想，均在 65% 左右，随着探测次数的增加召回率也在不断提高。当探测次数为二、三、四时，六种

异常标签占比的召回率相差较大，而在第一次、第五次和第六次中，不同异常标签占比的召回率相差较小。

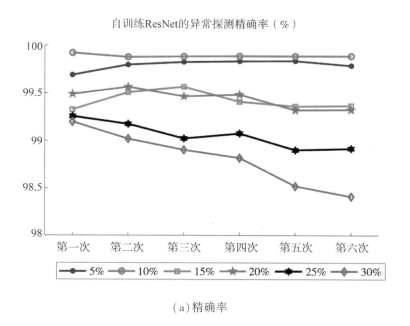

（a）精确率

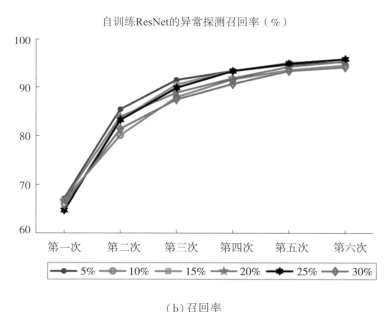

（b）召回率

图 11-12 自训练 ResNet 在 SIRI 中异常探测的精确率和召回率

自训练 ResNet 在 SIRI 中异常探测的 F1-score 结果如表 11-5 所示。其结果相对于准确率同样有所提升，整体上升呈现先快后慢的趋势。六种异常标签占比的 SIRI 数据集在第一次探测时，F1-score 都保持在 78% 左右，在第三次探测时除 30% 的占比外其他结果都在 93.3% 以上。六次异常探测的结果相对于前五次每种异常占比都达到了最高，分别为 97.467%、97.116%、97.531%、97.297%、97.373% 和 96.192%，其中含 15% 异常占比 的 F1-score 最高。

表 11-5　自训练 ResNet 在 SIRI 中异常探测的 F1-score（%）

异常占比	第一次	第二次	第三次	第四次	第五次	第六次
5	79.339	91.838	95.394	96.451	97.209	97.467
10	78.584	88.354	93.342	95.489	96.574	97.116
15	77.707	90.422	94.718	96.245	97.149	97.531
20	79.088	90.756	93.688	95.386	96.667	97.297
25	77.629	90.354	94.115	96.072	96.848	97.373
30	78.225	89.033	92.720	94.468	95.818	96.192

11.4.3　自训练 DenseNet 的实验结果与分析

自训练 DenseNet 在 SIRI 中异常探测的准确率如表 11-6 所示，六种异常标签占比的数据在第一次探测时在 71.3%~77.2% 之间，其最低值为 71.343%，要高于自训练 GoogleNet 的最低值 69.722% 和自训练 ResNet 的最低值 68.657%。最高值与自训练 GoogleNet 接近，均略高于自训练 ResNet。通过三次探测之后，准确率得到不同程度的提高，除异常标签占比为 15% 以外，其他占比的准确率均在 91.1% 以上，仅含 15% 异常标签的探测准确率为 90.046%，整体水平低于自训练 GoogleNet，但要高于自训练 ResNet。在第四次、第五次、第六次探测时，准确率上升较慢，已趋于平缓，在第六次探测后六种异常标签占比的准确率分别为 95.046%、95.648%、94.444%、95.741%、95.185% 和 95.278%。

表 11-6　自训练 DenseNet 在 SIRI 中异常探测的准确率（%）

异常占比	第一次	第二次	第三次	第四次	第五次	第六次
5	71.343	86.157	91.111	93.657	94.630	95.046
10	72.963	87.593	92.037	94.120	95.231	95.648
15	71.667	85.556	90.046	92.639	93.750	94.444
20	76.111	88.935	92.778	94.352	95.093	95.741
25	76.759	89.074	91.991	94.074	94.861	95.185
30	77.176	89.074	92.639	93.981	94.861	95.278

　　图 11-13 和表 11-7 为六种异常标签占比探测的精确率、召回率和 F1-score 结果。图
11-13(a)中各种异常标签占比的精确率在第一次探测时均在 99.2%以上，其中 5%、10%、
20% 和 30% 异常占比的精确率均在 99.8%以上。随着探测次数的增加，5%、10% 和 20%
异常占比的结果保持稳定，而 30% 异常占比的精确率有明显的降低。在六次探测之后，
5%、10% 和 20% 异常占比的精确率仍在 99.8%以上，而 15%、25% 和 30% 异常占比的精

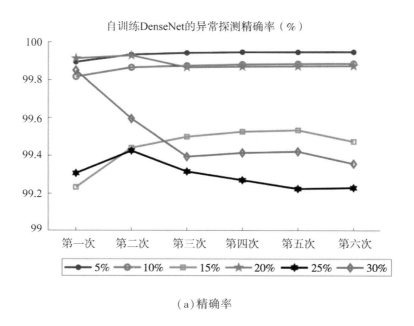

（a）精确率

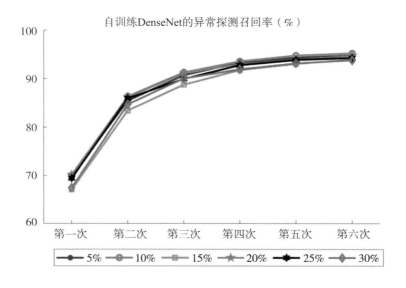

（b）召回率

图 11-13　自训练 DenseNet 在 SIRI 中异常探测的精确率和召回率

确率仅在 99.2%～99.5%之间。自训练 DenseNet 的异常探测的召回率如图 11-13(b)所示，第一次各异常标签占比的探测结果分布在 67.1%～70.2%之间，不同于自训练 GoogleNet 和自训练 ResNet，其在六次探测过程中不同异常标签占比之间比较接近，无相差较大的现象。

　　F1-score 指标的具体结果如表 11-7 所示。六种异常标签占比的 SIRI 数据集在第一次探测时，F1-score 均保持在 79.2%以上，与自训练 GoogleNet 的结果相接近但要高于自训练 ResNet 的结果。第三次探测时结果最低的是异常标签占比为 15%，而其他两种均为异常占比为 30%时达到最低值。六次探测的结果相对于前五次，每种异常占比都达到了最高，分别为 97.266%、97.488%、96.564%、97.215%、96.621%和 96.430%，其中含 10%异常占比的 F1-score 最高，而含 30%异常占比的 F1-score 最低，整体效果要略低于其他两种方法。

表 11-7　自训练 DenseNet 在 SIRI 中异常探测的 F1-score(%)

异常占比	第一次	第二次	第三次	第四次	第五次	第六次
5	81.507	91.859	94.955	96.463	97.027	97.266
10	81.396	92.369	95.241	96.559	97.234	97.488
15	79.273	90.450	93.618	95.374	96.107	96.564
20	81.662	92.326	95.164	96.259	96.770	97.215
25	80.955	91.922	94.237	95.806	96.389	96.621
30	79.744	91.326	94.337	95.417	96.093	96.430

11.5　RSSCN 数据集的实验结果与分析

11.5.1　自训练 GoogleNet 的实验结果与分析

　　自训练 GoogleNet 在 RSSCN 中异常探测的准确率如表 11-8 所示，不同异常标签占比的数据在第一次探测时相差较大，如 5%、10%和 20%异常占比的数据在第一次探测时均不到 80%，而 25%和 30%异常占比的探测准确率都超过 83%，最低为异常占比为 5%时其值为 76.746%，最高为异常占比为 30%时其值为 83.889%。通过三次探测之后，六种异常占比的准确率都达到了 93.2%以上，最低为异常占比为 20%时异常标签的探测准确率为 93.214%。通过第四次、第五次、第六次探测后，最终六种异常标签占比的准确率分别为 96.865%、96.429%、96.984%、95.714%、96.151%和 96.270%，含 15%异常占比的准确率最高，而含 20%异常占比的准确率最低。

表 11-8 自训练 GoogleNet 在 RSSCN 中异常探测的准确率(%)

异常占比	第一次	第二次	第三次	第四次	第五次	第六次
5	76.746	90.913	94.286	95.714	96.548	96.865
10	79.921	91.111	94.246	95.397	96.071	96.429
15	80.952	91.825	94.127	95.754	96.468	96.984
20	76.825	89.484	93.214	94.563	95.516	95.714
25	83.095	91.905	94.405	95.357	95.714	96.151
30	83.889	91.230	93.968	95.040	95.873	96.270

精确率、召回率和 F1-score 三个指标的具体结果如图 11-14 和表 11-9 所示，图 11-14(a)中第一次探测时除异常占比为 30%的数据精确率未达到 99.0%，剩余五种异常占比的精确率均在 99.0%以上，其中含 5%和 10%异常占比的精确率接近 100%。随着探测次数的增加，整体结果有所降低，六次探测后有部分异常标签被当作正类加入真实标签中，尤其是异常标签占比为 20%、25%和 30%的数据，其精确率都低于 99.0%。自训练 GoogleNet 的异常探测的召回率如图 11-14(b)所示，整体变化趋势和准确率变化一致。第一次探测的召回率除 20%异常占比外，其他五种异常占比的召回率都在 75.6%~78.1%之间，而 20%异常占比的仅有 71.726%。通过六次探测后，六种异常标签占比的召回率均在 95.7%以上。

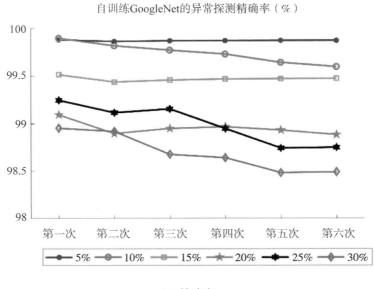

(a)精确率

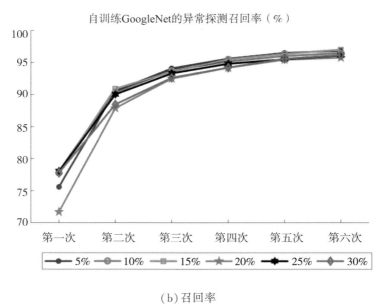

（b）召回率

图 11-14　自训练 GoogleNet 在 RSSCN 中异常探测的精确率和召回率

F1-score 指标综合了精确率和召回率，以此来衡量整体的探测效果，具体结果如表 11-9 所示。精确率在探测过程中不断下降，但其整体的结果仍在 98.5% 以上，召回率最初均在 78.1% 以下，但六次探测后也都能够达到 95.7% 以上，因此 F1-score 结果在探测过程中逐渐上升，相对于准确率有所提升，整体趋势保持一致。六种异常标签占比的 RSSCN 数据集在第一次探测时，除异常占比 20% 外，其他五种的 F1-score 都保持在 85.7% 以上，在第三次探测时除 20% 和 30% 占比外，其余结果都在 96.1% 以上。六次探测的结果相对于前五次每种异常占比都达到了最高，分别为 98.310%、97.962%、98.191%、97.248%、97.385% 和 97.289%，其中含 5% 异常占比的 F1-score 最高，含 20% 异常占比的 F1-score 最低。

表 11-9　自训练 GoogleNet 在 RSSCN 中异常探测的 F1-score（%）

异常占比	第一次	第二次	第三次	第四次	第五次	第六次
5	85.747	94.932	96.863	97.671	98.134	98.310
10	87.093	94.711	96.660	97.352	97.751	97.962
15	87.033	94.922	96.407	97.436	97.877	98.191
20	82.384	92.827	95.531	96.473	97.116	97.248
25	87.339	94.306	96.131	96.816	97.077	97.385
30	86.960	93.330	95.514	96.351	96.994	97.289

11.5.2 自训练 ResNet 的实验结果与分析

自训练 ResNet 在 RSSCN 中异常探测的准确率如表 11-10 所示，六种异常标签占比的数据在第一次探测时较低，均在 74.6%~81.2%之间，当异常占比为 5%时其值最低，为74.683%，最高为异常占比为 30%时其值 81.151%。通过三次探测之后，六种异常标签占比的准确率非常接近，均在 92.1%~92.9%之间。最终在第六次探测后六种异常标签占比的准确率分别为 95.595%、95.794%、96.270%、95.238%、95.437%和 95.476%，异常占比为 15%时准确率最高，异常占比为 20%时准确率最低。

表 11-10 自训练 ResNet 在 RSSCN 中异常探测的准确率(%)

异常占比	第一次	第二次	第三次	第四次	第五次	第六次
5	74.683	88.651	92.183	94.484	95.238	95.595
10	76.310	87.937	92.381	94.762	95.278	95.794
15	76.389	88.849	92.897	94.484	95.714	96.270
20	79.286	89.365	92.341	94.167	94.881	95.238
25	80.159	89.802	92.817	94.048	94.841	95.437
30	81.151	88.571	92.778	94.444	95.119	95.476

精确率、召回率和 F1-score 三个指标的具体结果如图 11-15 和表 11-11 所示，图 11-15(a)的精确率在第一次探测后均只有异常标签占比为 5%和 10%的结果在 99.8%以上，异常占比为 15%、20%和 25%的结果在 99.1%~99.5%之间，而异常占比为 30%的结果低于98.8%。六种异常标签占比的数据在探测过程中呈下降的趋势，最终异常标签占比为 5%和 10%的结果仍在 99.5%以上，而 25%和 30%的结果均低于 98.3%，说明其中有很多异常标签被错误判断为正类的情况导致精确率较低。自训练 ResNet 的异常探测的召回率如图 11-15(b)所示，六种异常占比在第一次探测时的结果均在 72.5%~74.7%之间，随着探测次数的增加，召回率也在不断提高。当第二次探测时，30%异常标签占比的召回率和其他五种异常标签占比的召回率相差较大，而在第一次、第三次、第四次、第五次和第六次中，不同异常标签占比的召回率相差较小。

自训练 ResNet 在 RSSCN 中异常探测的 F1-score 结果如表 11-11 所示。其结果相对于准确率同样有所提升，整体上升呈现先快后慢的趋势。六种异常标签占比的 RSSCN 数据集在第一次探测时，F1-score 都保持在 84%左右，在第三次探测时都能达到 94.6%以上。六次异常探测的结果相对于前五次每种异常标签占比都达到了最高，分别为 97.625%、97.603%、97.755%、96.958%、96.908%和 96.724%，其中含 15%异常标签占比的F1-score最高，含 30%异常标签占比的 F1-score 最低。

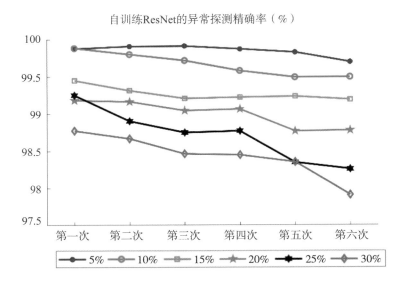

（a）精确率

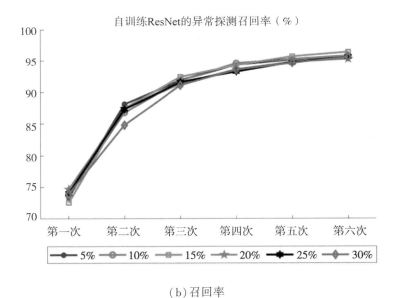

（b）召回率

图 11-15　自训练 ResNet 在 RSSCN 中异常探测的精确率和召回率

表 11-11　自训练 ResNet 在 RSSCN 中异常探测的 F1-score（%）

异常占比	第一次	第二次	第三次	第四次	第五次	第六次
5	84.303	93.611	95.684	96.999	97.422	97.625
10	84.647	92.710	95.549	96.993	97.303	97.603

续表

异常占比	第一次	第二次	第三次	第四次	第五次	第六次
15	83.575	92.933	95.625	96.644	97.413	97.755
20	84.906	92.842	94.970	96.234	96.723	96.958
25	84.468	92.701	95.018	95.911	96.489	96.908
30	84.358	91.167	94.622	95.923	96.437	96.724

11.5.3　自训练 DenseNet 的实验结果与分析

自训练 DenseNet 在 RSSCN 中异常探测的准确率如表 11-12 所示，六种异常标签占比的数据在第一次探测时在 78.0%～83.5% 之间，其最低值为 78.016%，要高于自训练 GoogleNet 的最低值 76.746% 和自训练 ResNet 的最低值 74.683%。最高值与自训练 GoogleNet 相接近，均略高于自训练 ResNet。通过三次探测之后，准确率得到不同程度的提高，除异常标签占比为 25% 以外，其他占比的准确率均在 93.0% 以上，仅含 25% 异常标签的探测准确率为 92.897%，整体水平低于自训练 GoogleNet 但要高于自训练 ResNet。在第四次、第五次、第六次探测时，准确率上升速度平缓，在第六次探测后六种异常标签占比的准确率分别为 95.952%、95.952%、95.794%、95.952%、95.595% 和 95.278%。

表 11-12　自训练 DenseNet 在 RSSCN 中异常探测的准确率(%)

异常占比	第一次	第二次	第三次	第四次	第五次	第六次
5	78.016	90.119	93.056	94.325	95.278	95.952
10	79.167	90.079	93.095	94.683	95.198	95.952
15	80.317	90.754	93.452	94.524	95.476	95.794
20	80.714	90.794	93.492	94.802	95.556	95.952
25	81.706	90.317	92.897	94.325	95.079	95.595
30	83.492	91.151	93.175	94.048	95.079	95.278

图 11-16 和表 11-13 为六种异常标签占比探测的精确率、召回率和 F1-score 结果。图 11-16(a)中各种异常标签占比的精确率在第一次探测时除异常占比 30% 外其余五种均在 99.2% 以上。随着探测次数的增加，5%、10%、15% 和 20% 异常占比的结果保持稳定，仅略微减小，而 25% 和 30% 异常占比的精确率有明显的降低，其中 30% 异常占比的精确率在六次探测之后低于 98%。自训练 DenseNet 的异常探测的召回率如图 11-16(b)所示，第一次各异常标签占比的探测结果分布在 76.1%～77.5% 之间，和自训练 GoogleNet 和自训练 ResNet 相比，自训练 DenseNet 在六次探测过程中不同异常占比之间比较接近，无相差较大的现象。

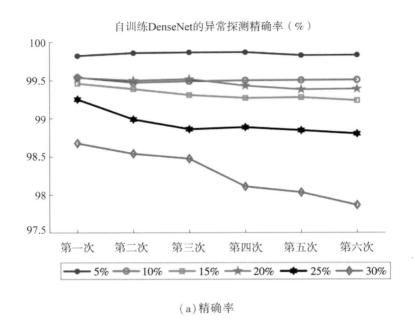

（a）精确率

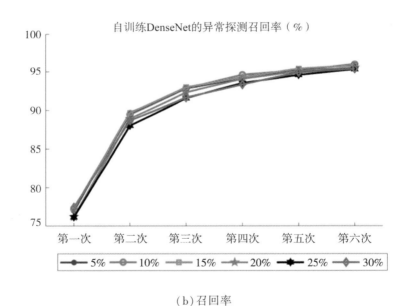

（b）召回率

图 11-16　自训练 DenseNet 在 RSSCN 中异常探测的精确率和召回率

  F1-score 指标的具体结果如表 11-13 所示。六种异常标签占比的 RSSCN 数据集在第一次探测时，F1-score 均保持在 86.0% 以上，整体效果和自训练 GoogleNet 的结果相接近，但由于自训练 GoogleNet 在含 20% 异常占比时第一次探测的 F1-score 只有 82.384%，所以稳定性上自训练 DenseNet 要优于自训练 GoogleNet。与自训练 ResNet 的结果相比，自训练

DenseNet 不论从整体效果还是稳定性上都优于自训练 ResNet。第三次探测时结果最低的是异常标签占比为 30%，与其他两种方法得到最低值的异常占比相同。第六次探测的结果相对于前五次每种异常占比都达到了最高，分别为 97.803%、97.696%、97.459%、97.396%、96.981 和 96.562%，其中含 5% 异常占比的 F1-score 最高，而含 30% 异常占比的 F1-score 最低。

表 11-13　自训练 DenseNet 在 RSSCN 中异常探测的 F1-score(%)

异常占比	第一次	第二次	第三次	第四次	第五次	第六次
5	86.673	94.447	96.169	96.891	97.429	97.803
10	86.797	94.147	95.997	96.947	97.250	97.696
15	86.766	94.225	95.980	96.662	97.260	97.459
20	86.120	93.863	95.733	96.621	97.130	97.396
25	86.043	93.098	95.032	96.067	96.609	96.981
30	86.651	93.297	94.914	95.613	96.406	96.562

11.6　本章小结

为了有效地对场景级遥感影像中的异常训练样本进行探测，本章采用自训练卷积神经网络方法，该方法通过事先选取准确的 10% 标签样本作为真实标签，为卷积神经网络提供初始模型。通过自训练算法增强网络性能后，对含有不同异常标签占比的遥感场景数据集进行探测，将探测为正类的加入真实标签中，探测为异类的加入伪标签中，不断探测运算直至各项指标稳定后剩下的伪标签数据即认为是异常训练样本。

实验结果表明，三种自训练卷积神经网络在含有不同异常标签的 SIRI 数据集中，各项指标均能够取得较好的结果，其准确率、召回率和 F1-score 均能达到 93.8% 以上，精确率能够保持到 98.4% 以上。在含有不同异常标签的 RSSCN 数据集中，三种自训练卷积神经网络的准确率、召回率和 F1-score 均能达到 95.2% 以上，精确率能够保持到 97.8% 以上。在不同自训练卷积神经网络的异常探测中，自训练 GoogleNet 和自训练 DenseNet 在两种数据集中的整体表现相接近，均略优于自训练 ResNet。通过上述分析证明本章方法可以在不同遥感场景数据集中有效地实现对异常训练样本的探测。

第 12 章　结论与展望

本书针对遥感影像像素-对象-场景智能分类问题进行研究，分别对遥感影像的像素级分类、面向对象分类和场景级分类进行介绍和分析，并对顾及异常值的遥感影像分类进行实验，旨在提高遥感影像分类精度和异常值探测性能，推动遥感影像分类技术的应用与发展。

12.1　总结与结论

本书的主要总结如下：

（1）本书首先介绍了三种常用的异常值探测方法，即 Z-score 方法、boxplot 方法和 MAD 方法。通过采用模拟数据实验和真实数据实验比较三种方法的性能之后，选择了 MAD 方法对像素级遥感影像中存在的异常训练样本进行探测，最后通过比较剔除异常训练样本前后的 SVM 分类结果，验证 MAD 方法在像素级遥感影像异常训练样本探测中的可行性。综合模拟数据和真实数据的研究结果表明，MAD 方法比 Z-score 方法和 boxplot 方法能够更有效地探测出异常值，获得更纯净的观测结果。

（2）为了验证剔除异常训练样本对提高监督分类精度的可行性，选取南昌部分地区为研究区，Landsat-8 卫星 OLI 传感器获得的影像为数据源，对实验数据进行预处理，再根据 MAD 对含有不纯的训练样本和错选的训练样本进行探测和剔除，使用具有代表性的分类器进行分类。分类结果对比得出，剔除异常的训练样本在遥感影像监督分类中实现更合理的分类结果和更高的精度。为了验证融合技术辅助遥感影像像素级分类的效果，提出一种结合改进 Laplacian 能量和参数自适应双通道 ULPCNN 的遥感影像融合方法，将该方法和 13 种其他方法进行比较分析，分析融合方法的空间增强和光谱保真性能，再通过 RF 分类器进行土地覆盖分类，分析融合影像的分类效果。结果表明，提出方法的融合结果能够提高土地覆盖分类精度，有助于对研究区域的解译和分析。

（3）影像分割是影像分类处理中的关键步骤，尽管影像分割方法多种多样，但在影像分割的应用中仍然存在很多不足，主要表现为不同尺度的分割效果和地物内部变化的显著差异，缺乏可靠的统一评价标准，影响影像分割的准确性。针对以上问题，第 6 章较为系统地分析了影像分割的现状，介绍了多分辨率分割、四叉树分割、Mean-Shift 分割、Watershed 分割等分割方法，通过效果图以及标准差、像素数、均值、最大面积等数据对比，得出多分辨率分割方法具有较强的适用性。为了提高面向对象分类的效率，使用 ESP 尺度选择工具对 GF-2 影像最优尺度参数进行预测，通过对预测参数周围的数据进行合理设置，结合影像分割方法进行实验比较 ESP 工具的可行性。分别采用三种面向对象方法进行实验分析，并在高铁线路提取中进行应用。

（4）面向对象分类后的精度评定常采用随机验证点作为评定参数，容易造成评定的分类结果精度不高。针对以上问题，在使用支持向量机、CART 决策树和 K-最近邻进行分类的基础上，利用规则验证点进行优化，提出基于规则验证点的精度结果评价方法。在大量实验结果的对比分析中得出本书提出的方法比传统随机验证点精度评定结果有较大的提升，有效提高了影像分类后处理的精度评定结果。针对面向对象分类过程中出现的样本异常值问题，利用 MAD 算法进行了优化。本书利用中位数绝对偏差算法对基于规则验证点的面向对象下的最近邻（KNN）模型进行改进。利用不同地物特征之间像素值的差异，有效剔除分类过程中存在的异常样本。实验结果表明，本书提出的算法在保证样本准确的情况下，有效提高了精度评定结果。

（5）针对传统场景分类方法的分类模型特征提取简单、分类精度不理想等问题，本书以高铁沿线遥感影像为研究对象，从 Google Earth 上获取数据，构建三种卷积神经网络（CNN）模型进行场景分类研究，并比较分析它们的分类效果。实验结果表明，三种模型的地物总体分类精度均在 89% 以上，且以 ResNet 模型的结果为最优。在遥感场景影像中，自训练算法可利用少量的有标签数据训练大量的无标签数据，进而达到扩充训练集的目的，此方法能够弥补卷积神经网络在训练样本较少时性能不足的问题。采用自训练算法和卷积神经网络相结合的方式对处理后含异常训练样本的 SIRI 和 RSSCN 两种场景数据集进行异常探测。结果表明，三种自训练卷积神经网络（自训练 GoogleNet、自训练 ResNet 和自训练 DenseNet）在两种数据集中的准确率、精确率、召回率和 F1-score 均能够达到 93.8% 以上，说明自训练卷积神经网络在场景级遥感影像异常探测中的效果较好。

12.2 不足与展望

本书主要研究了遥感影像分类方法和顾及异常训练样本的遥感影像分类。通过对遥感影像分类方法进行对比分析和研究，笔者认为存在的不足与展望如下：

（1）面向对象遥感影像分类方法是在基于像素分类的遥感影像处理分析不足的情况下，随着高分辨率遥感影像的推广应用及相关研究的不断发展的背景下衍生的分类方向。本书中主要针对面向对象高分辨率遥感影像分类过程中的分割方法、面向对象分类器评价及不同算法下提取建筑物具体应用等方面进行研究，但是还需进一步探索并引进新的学科知识与面向对象分类技术融合，从影像的几何特征、复杂的纹理特征等方面研究，将 GIS 与计算机等多学科知识结合运用。探索更广泛的遥感影像地表信息提取方法，在对影像进行提取的过程中，不局限于针对建筑的提取，应多方面充分结合实际需求，实现多地物类别更高精度的提取，对我国基础性建设、现代化农业发展、应对自然灾害等提供更有意义的参考价值。

（2）在场景级遥感影像异常训练样本探测中，采用了开源的 SIRI 和 RSSCN 遥感场景数据集，其中各地物类别中的遥感场景影像均不含异常标签。因开源的遥感场景数据集中无可使用的含异常标签的数据集，因此本书通过对 SIRI 和 RSSCN 数据集进行处理，使其含有部分异常标签，即异常训练样本，再采用自训练卷积神经网络进行探测，验证了该方法的可行性，而对非开源的不同传感器的多源场景影像的异常探测效果并未可知，因此后续研究中采用自训练卷积神经网络方法对此进行验证。

（3）努力实现遥感影像分类处理技术与计算机自动化技术的有机结合。尽管遥感影像存在地表多样性及受自身地物类别的变化和复杂性影响，但在专家和学者的不断钻研下，已经取得了长足进步，相信只要我们不断努力，开拓创新，遥感影像智能处理技术会翻开一页新的篇章。

参 考 文 献

［1］Abellan J, Masegosa A R. Bagging schemes on the presence of class noise in classification
［J］. Expert Systems with Applications, 2012, 39(8): 6827-6837.

［2］Ahn J, Cho S, Kwak S. Weakly supervised learning of instance segmentation with inter-pixel
relations［C］//Proceedings of the IEEE/CVF conference on computer vision and pattern
recognition. 2019: 2209-2218.

［3］Aishwarya N, Thangammal C B. Visible and infrared image fusion using DTCWT and adaptive
combined clustered dictionary［J］. Infrared Physics & Technology, 2018, 93: 300-309.

［4］Angelova A, Abu-Mostafam Y, Perona P. Pruning training sets for learning of object
categories［C］//2005 IEEE Computer Society conference on computer vision and pattern
recognition (CVPR'05). IEEE, 2005, 1: 494-501.

［5］Arif M, Wang G. Fast curvelet transform through genetic algorithm for multimodal medical
image fusion［J］. Soft Computing, 2020, 24(3): 1815-1836.

［6］Balasubramaniam R, Namboodiri S, Nidamanuri R R, et al. Active learning-based optimized
training library generation for object-oriented image classification［J］. IEEE Transactions on
geoscience and remote sensing, 2017, 56(1): 575-585.

［7］Balnarsaiah B, Prasad T S, Laxminarayana P. Classification of synthetic aperture radar-
ground range detected image using advanced convolution neural networks［J］. Remote Sensing
in Earth Systems Sciences, 2021, 4: 13-29.

［8］Batur E, Maktav D. Assessment of surface water quality by using satellite images fusion based
on PCA method in the Lake Gala, Turkey［J］. IEEE Transactions on Geoscience and Remote
Sensing, 2018, 57(5): 2983-2989.

［9］Brodley C E, Friedl M A. Identifying mislabeled training data［J］. Journal of Artificial
Intelligence Research, 1999, 11(1): 131-167.

［10］Buschenfeld T, Ostermann J. Automatic refinement of training data for classification of
satellite imagery［J］. In ISPRS Annals of the Photogrammetry, Remote Sensing and Spatial
Information Sciences, 2012, 1(7): 117-122.

［11］Chellasamy M, Ferre T, Greve M. An ensemble-based training data refinement for automatic
crop discrimination using WorldView-2 imagery［J］. IEEE Journal of Selected Topics in
Applied Earth Observations and Remote Sensing, 2016, 8(10): 4882-4894.

［12］Chen D, Ma A, Zheng Z, et al. Large-scale agricultural greenhouse extraction for remote
sensing imagery based on layout attention network: A case study of China［J］. ISPRS

Journal of Photogrammetry and Remote Sensing, 2023, 200: 73-88.

[13] Chen D, Ma A, Zhong Y. Semi-supervised knowledge distillation framework for global-scale urban man-made object remote sensing mapping[J]. International Journal of Applied Earth Observation and Geoinformation, 2023, 122: 103439.

[14] Chen D, Zhong Y, Ma A, et al. Blurry dense object extraction based on buffer parsing network for high-resolution satellite remote sensing imagery [J]. ISPRS Journal of Photogrammetry and Remote Sensing, 2024, 207: 122-140.

[15] Chen D, Zhong Y, Ma A, et al. Explicable Fine-Grained Aircraft Recognition Via Deep Part Parsing Prior Framework for High-Resolution Remote Sensing Imagery [J]. IEEE transactions on cybernetics, 2024, 54(7): 3968-3979.

[16] Chen D, Zhong Y, Ma A. Large-Scale Urban Road Vectorization Mapping Via A Road Node Proposal Network for High-Resolution Remote Sensing Imagery [C]//2021 IEEE International Geoscience and Remote Sensing Symposium IGARSS. IEEE, 2021: 6375-6378.

[17] Chen F, Yu H, Hu R. Shape sparse representation for joint object classification and segmentation[J]. IEEE Transactions on Image Processing, 2013, 22(3): 992-1004.

[18] Chen G, Dai Y, Zhang J, et al. MBANet: Multi-branch aware network for kidney ultrasound images segmentation [J]. Computers in Biology and Medicine, 2022, 141: 105140.

[19] Chen H, Zhang K, Su D, et al. Method of building height estimation under the constraint of profile contour lines from high resolution remote sensing images[J]. Bulletin of Surveying and Mapping, 2019(9): 34-37, 72.

[20] Cheng G, Xie X, Han J, et al. Remote sensing image scene classification meets deep learning: Challenges, methods, benchmarks, and opportunities [J]. IEEE Journal of Selected Topics in Applied Earth Observations and Remote Sensing, 2020, 13: 3735-3756.

[21] Cheng Y. Mean shift, mode seeking, and clustering[J]. IEEE transactions on pattern analysis and machine intelligence, 1995, 17(8): 790-799.

[22] Daniel E. Optimum wavelet-based homomorphic medical image fusion using hybrid genetic-grey wolf optimization algorithm[J]. IEEE Sensors Journal, 2018, 18(16): 6804-6811.

[23] Du S, Du S, Liu B, et al. Large-scale urban functional zone mapping by integrating remote sensing images and open social data[J]. GIScience & Remote Sensing, 2020, 57(3): 411-430.

[24] Finkel R A, Bentley J L. Quad trees a data structure for retrieval on composite keys[J]. Acta informatica, 1974, 4: 1-9.

[25] Foody G M, Mathur A. The use of small training sets containing mixed pixels for accurate hard image classification: Training on mixed spectral responses for classification by a SVM[J]. Remote Sensing of Environment, 2006, 103(2): 179-189.

[26] Foody G M. Status of land cover classification accuracy assessment[J]. Remote Sensing of

Environment, 2002, 80(1): 185-201.

[27] Foody G M. The significance of border training patterns in classification by a feedforward neural network using back propagation learning[J]. International Journal of Remote Sensing, 1999, 20(18): 3549-3562.

[28] Francesca T. An Object-Oriented Approach to the Classification of Roofing Materials Using Very High-Resolution Satellite Stereo-Pairs[J]. Remote Sensing, 2022, 14(4): 849.

[29] Frenay B, Verleysen M. Classification in the presence of label noise: A survey[J]. IEEE Transactions on Neural Networks and Learning Systems, 2014, 25(5): 845-869.

[30] Ge H, Pan H, Wang L, et al. A semi-supervised learning method for hyperspectral imagery based on self-training and local-based affinity propagation[J]. International Journal of Remote Sensing, 2021, 42(17): 6391-6416.

[31] Ghassemian H. A review of remote sensing image fusion methods[J]. Information Fusion, 2016, 32: 75-89.

[32] Gong X, Hou Z, Ma A, et al. An adaptive multi-scale gaussian co-occurrence filtering decomposition method for multispectral and SAR image fusion[J]. IEEE Journal of Selected Topics in Applied Earth Observations and Remote Sensing, 2023, 16: 8215-8229.

[33] Gong X, Hou Z, Wan Y, et al. Multispectral and SAR image fusion for multiscale decomposition based on least squares optimization rolling guidance filtering[J]. IEEE Transactions on Geoscience and Remote Sensing, 2024, 62: 5401920.

[34] Gong X, Ju X, Qian K, et al. Remote Sensing Image Scene Classification along the High-speed Railway based on Convolutional Neural Network[C]//Journal of Physics: Conference Series. IOP Publishing, 2020, 1684(1): 012112.

[35] Gong X, Li Z. Bridge pier settlement prediction in high-speed railway via autoregressive model based on robust weighted total least-squares[J]. Survey Review, 2018, 50(359): 147-154.

[36] Gong X, Liu X, Lu T, et al. Accuracy assessment of object-oriented classification based on regular verification points[J]. Laser and Optoelectronics Progress, 2020, 57(24): 201032.

[37] Gong X, Shen L, Lu T. Refining training samples using median absolute deviation for supervised classification of remote sensing images[J]. Journal of the Indian Society of Remote Sensing, 2019, 47(4): 647-659.

[38] Gong X, Zhang F, Lu T, et al. Comparative Analysis of three outlier detection methods in univariate data sets[C]//2022 3rd International Conference on Electronic Communication and Artificial Intelligence (IWECAI). IEEE, 2022: 209-213.

[39] Gonzalez R C, Woods R E. Digital image processing second edition[J]. New York: Prentice Hall, 2014(10): 25-28.

[40] Guo Q, Zhang J, Guo S, et al. Urban tree classification based on object-oriented approach and random forest algorithm using unmanned aerial vehicle (UAV) multispectral imagery[J]. Remote Sensing, 2022, 14(16): 3885.

[41] Guo X, Lao J, Dang B, et al. Skysense: A multi-modal remote sensing foundation model towards universal interpretation for earth observation imagery [C]//Proceedings of the IEEE/CVF Conference on Computer Vision and Pattern Recognition, 2024: 27672-27683.

[42] Hampel F R. The influence curve and its role in robust estimation [J]. Journal of the American Statistical Association, 1974, 69(346): 383-393.

[43] He K, Zhang X, Ren S, et al. Deep residual learning for image recognition [C]. In: Proceedings of the IEEE Conference on Computer Vision and Pattern Recognition (CVPR). IEEE, 2016.

[44] Hossein S M, Morteza K, Kazem A S, et al. Google Earth Engine for Large-Scale Land Use and Land Cover Mapping: An Object-Based Classification Approach Using Spectral, Textural and Topographical Factors [J]. GIScience & Remote Sensing, 2021, 58(6): 914-928.

[45] Hou Z, Lv K, Gong X, et al. A remote sensing image fusion method combining low-level visual features and parameter-adaptive dual-channel pulse-coupled neural network [J]. Remote Sensing, 2023, 15(2): 344.

[46] Hsu P P, Kang S A, Rameseder J, et al. The mTOR-regulated phosphoproteome reveals a mechanism of mTORC1-mediated inhibition of growth factor signaling [J]. Science, 2011, 332(6035): 1317-1322.

[47] Huang G, Liu Z, Van Der Maaten L, et al. Densely connected convolutional networks [C]//Proceedings of the IEEE conference on computer vision and pattern recognition. 2017: 4700-4708.

[48] Huang X, Zhang L. A multidirectional and multiscale morphological index for automatic building extraction from multispectral GeoEye-1 imagery [J]. Photogrammetric Engineering and Remote Sensing, 2011, 77(7): 721-732.

[49] Huang X, Zhang L. Morphological building/shadow index for building extraction from high-resolution imagery over urban areas [J]. IEEE Journal of Selected Topics in Applied Earth Observations and Remote Sensing, 2012, 5(1): 161-172.

[50] Huang X, Zhu T, Zhang L, et al. A novel building change index for automatic building change detection from high-resolution remote sensing imagery [J]. Remote Sensing Letters, 2014, 5(7-9): 713-722.

[51] Huber P J. Robust statistics [M]. Springer Berlin Heidelberg, 2011: 1248-1251.

[52] Jamali A, Mahdianpari M, Brisco B, et al. Comparing solo versus ensemble convolutional neural networks for wetland classification using multi-spectral satellite imagery [J]. Remote Sensing, 2021, 13(11): 2046.

[53] Jeatrakul P, Wong K W, Fung C C. Data cleaning for classification using misclassification analysis [J]. Journal of Advanced Computational Intelligence and Intelligent Informatics, 2010, 14(3): 297-302.

[54] Jia X, Richards J A. Segmented principal components transformation for efficient

hyperspectral remote-sensing image display and classification[J]. IEEE transactions on Geoscience and Remote Sensing, 1999, 37(1): 538-542.

[55]Jian L, Yang X, Zhou Z, et al. Multi-scale image fusion through rolling guidance filter[J]. Future Generation Computer Systems, 2018, 83: 310-325.

[56]Jiang R. Hyperspectral remote sensing image classification based on deep learning[J]. Journal of Physics: Conference Series, 2021, 1744(4): 185.

[57]Jin B, Ye P, Zhang X, et al. Object-oriented method combined with deep convolutional neural networks for land-use-type classification of remote sensing images[J]. Journal of the Indian Society of Remote Sensing, 2019, 47: 951-965.

[58]Jin Y, Yang X, Gao T, et al. The typical object extraction method based on object-oriented and deep learning[J]. Remote Sensing for Land and Resources, 2018, 30(1): 22-29.

[59]Ketting R L. Land grebe D A. Computer classification of remotely sensed multi Spectral image data by extraction and classification of homogenous object[J]. IEEE Trans action son Geo science Electronics, 1976, 14(1): 19-26.

[60]Khalid A A, Hicham O, Hala S. El-Sayed, et al. Efficient classification of remote sensing images using two convolution channels and SVM[J]. Computers, Materials & Continua, 2022, 72(1): 739-753.

[61]Krizhevsky A, Sutskever I, Hinton G. ImageNet classification with deep convolutional neural networks[J]. Communications of the ACM, 2017, 60(6): 84-90.

[62]Kulkarni S C, Rege P P. Pixel level fusion techniques for SAR and optical images: A review[J]. Information Fusion, 2020, 59: 13-29.

[63] Kothari N S, Meher S K. Semisupervised classification of remote sensing images using efficient neighborhood learning method [J]. Engineering Applications of Artificial Intelligence, 2020, 90: 103520.

[64]Landgrebe D A. Signal theory methods in multispectral remote sensing[M]. John Wiley & Sons, 2003.

[65]Lawrence S, Burns I, Back A, et al. Neural network classification and prior class probabilities[M]//Neural networks: tricks of the trade. Berlin, Heidelberg: Springer Berlin Heidelberg, 2002: 299-313.

[66]Lei Z, Xi X, Wang C, et al. Building point clouds extraction from airborne LiDAR data based on decision tree method [J]. Laser and Optoelectronics Progress, 2018, 55 (8): 082803.

[67]Leys C, Ley C, Klein O, et al. Detecting outliers: Do not use standard deviation around the mean, use absolute deviation around the median [J]. Journal of Experimental Social Psychology, 2013, 49(4): 764-766.

[68]Li H, Sun Z, Wu Y, et al. Semi-supervised point cloud segmentation using self-training with label confidence prediction[J]. Neurocomputing, 2021, 437: 227-237.

[69]Li X, Zhang G, Cui H, et al. MCANet: A joint semantic segmentation framework of optical

and SAR images for land use classification [J]. International Journal of Applied Earth Observation and Geoinformation, 2022, 106: 102638.

[70]Li Y, Chen R, Zhang Y, et al. Multi-label remote sensing image scene classification by combining a convolutional neural network and a graph neural network[J]. Remote Sensing, 2020, 12(23): 4003.

[71]Liang L L, Jiang L M, Zhou Z W, et al. Object-oriented classification of unmanned aerial vehicle image for thermal erosion gully boundary extraction[J]. Remote Sensing for Land and Resources, 2019, 31(2): 180-186.

[72]Lillesand T, Kiefer R W, Chipman J. Remote sensing and image interpretation[M]. John Wiley & Sons, 2015.

[73]Lin X, Zhang J. Object-based morphological building index for building extraction from high resolution remote sensing imagery[J]. Acta Geodaetica et Cartographica Sinica, 2017, 46 (6): 724-733.

[74]Lin Y, Zhang B, Xu J, et al. Hierarchical building extraction from high resolution remote sensing imagery based on multi-feature fusion[J]. Journal of Image and Graphics, 2017, 22 (12): 1798-1808.

[75]Liu S, Ma A, Pan S, et al. An effective task sampling strategy based on category generation for fine-grained few-shot object recognition[J]. Remote Sensing, 2023, 15(6): 1552.

[76]Liu T, Yao L, Qin J, et al. Multi-scale attention integrated hierarchical networks for high-resolution building footprint extraction [J]. International Journal of Applied Earth Observation and Geoinformation, 2022, 109: 102768.

[77]Liu Y, Liu Q, Zhang M, et al. IFR-Net: iterative feature refinement network for compressed sensing MRI [J]. IEEE Transactions on Computational Imaging, 2020, 6: 434-446.

[78]Liu Y, Zhong Y, Ma A, et al. Cross-resolution national-scale land-cover mapping based on noisy label learning: A case study of China[J]. International Journal of Applied Earth Observation and Geoinformation, 2023, 118: 103265.

[79]Liu Y, Chen X, Ward R K, et al. Image fusion with convolutional sparse representation[J]. IEEE signal processing letters, 2016, 23(12): 1882-1886.

[80]Liu Y, Chen X, Ward R K, et al. Medical image fusion via convolutional sparsity based morphological component analysis[J]. IEEE Signal Processing Letters, 2019, 26(3): 485-489.

[81]Liu Y, Liu S, Wang Z. A general framework for image fusion based on multi-scale transform and sparse representation[J]. Information fusion, 2015, 24: 147-164.

[82]Lu C, Yang X, Wang Z, et al. Using multi-level fusion of local features for land-use scene classification with high spatial resolution images in urban coastal zones[J]. International journal of applied earth observation and geoinformation, 2018, 70: 1-12.

[83]Lu X, Zheng X, Yuan Y. Remote sensing scene classification by unsupervised representation learning[J]. IEEE Transactions on Geoscience and Remote Sensing, 2017, 55(9):

5148-5157.

[84] Lu Z, Jiang X, Kot A. Deep coupled ResNet for low-resolution face recognition[J]. IEEE Signal Processing Letters, 2018, 25(4): 526-530.

[85] Ma A, Wang J, Zhong Y, et al. FactSeg: Foreground activation-driven small object semantic segmentation in large-scale remote sensing imagery[J]. IEEE Transactions on Geoscience and Remote Sensing, 2021, 60: 1-16.

[86] Ma A, Yu N, Zheng Z, et al. A supervised progressive growing generative adversarial network for remote sensing image scene classification[J]. IEEE Transactions on Geoscience and Remote Sensing, 2022, 60: 1-18.

[87] Ma A, Zheng C, Wang J, et al. Domain adaptive land-cover classification via local consistency and global diversity[J]. IEEE Transactions on Geoscience and Remote Sensing, 2023, 61: 1-17.

[88] Ma J, Chen C, Li C, et al. Infrared and visible image fusion via gradient transfer and total variation minimization[J]. Information Fusion, 2016, 31: 100-109.

[89] Ma Y, Ming D, Yang H. Scale estimation of object-oriented image analysis based on spectral-spatial statistics[J]. J. Remote Sens, 2017, 21(4): 566-578.

[90] Maggiori E, Tarabalka Y, Charpiat G, et al. Convolutional neural networks for large-scale remote-sensing image classification[J]. IEEE Transactions on Geoscience and Remote Sensing, 2016, 55(2): 645-657.

[91] Mei S, Yang H, Yin Z. An unsupervised-learning-based approach for automated defect inspection on textured surfaces[J]. IEEE Transactions on Instrumentation and Measurement, 2018, 67(6): 1266-1277.

[92] Meng X, Zhang S, Liu Q, et al. Uncertain Category-Aware Fusion Network for Hyperspectral and LiDAR Joint Classification[J]. IEEE Transactions on Geoscience and Remote Sensing, 2024.

[93] Myint S W, Gober P, Brazel A, et al. Per-pixel vs. object-based classification of urban land cover extraction using high spatial resolution imagery[J]. Remote sensing of environment, 2011, 115(5): 1145-1161.

[94] Neeta S K, Saroj K M. Semisupervised classification of remote sensing images using efficient neighborhood learning method[J]. Engineering Applications of Artificial Intelligence, 2020, 90(C): 520.

[95] Nkechinyere E M, Iheagwara A I, Okenwe I. Comparison of different methods of outlier detection in univariate time series data[J]. International Journal for Research in Mathematics and Mathematical Sciences, 2015, 1(2): 22-50.

[96] Oliver C, Quegan S. Understanding synthetic aperture radar images[M]. SciTech Publishing, 2004.

[97] Panigrahy C, Seal A, Mahato N K. Fractal dimension based parameter adaptive dual channel PCNN for multi-focus image fusion[J]. Optics and Lasers in Engineering, 2020,

133：106141.

[98]Pedronette D C G, Latecki L J. Rank-based self-training for graph convolutional networks [J]. Information Processing and Management, 2021, 58(2)：102443.

[99] Peng Y, Liu J. Research on classification of remote sensing images based on artificial intelligence[J]. Journal of Physics：Conference Series, 2021, 2074(1)：34.

[100]Rama M C, Mahendran D S, Kumar T C R. A hybrid colour model based land cover classification using random forest and support vector machine classifiers[J]. International Journal of Applied Pattern Recognition, 2018, 5(2)：87-100.

[101]Roberto R. An image segmentation algorithm using iteratively the Mean-shift[J]. Remote Sensing of Environment, 2014, 43(5)：514-520.

[102]Rousseeuw P J, Hubert M. Robust statistics for outlier detection [J]. Wiley Interdisciplinary Reviews Data Mining and Knowledge Discovery, 2011, 1(1)：73-79.

[103]Ruff L, Vandermeulen R, Goernitz N, et al. Deep one-class classification [C]// International conference on machine learning. PMLR, 2018：4393-4402.

[104]Shakya A, Biswas M, Pal M. Parametric study of convolutional neural network based remote sensing image classification[J]. International Journal of Remote Sensing, 2021, 42 (7)：2663-2685.

[105]Shen W, Ma A, Wang J, et al. Adaptive Self-Supporting Prototype Learning for Remote Sensing Few-Shot Semantic Segmentation [J]. IEEE Transactions on Geoscience and Remote Sensing, 2024, 62：1-16.

[106]Shreyamsha Kumar B K. Image fusion based on pixel significance using cross bilateral filter[J]. Signal, image and video processing, 2015, 9：1193-1204.

[107]Simonyan K, Zisserman A. Very deep convolutional networks for large-scale image recognition [C]//Proceedings of the 3rd International Conference on Learning Representations (ICLR 2015). 2015：1-14.

[108]Song J, Oh D H, Kang J. Robust estimation in stochastic frontier models [J]. Computational Statistics and Data Analysis, 2017, 105：243-267.

[109]Song Y, Zhou D, Huang J, et al. Boosting the feature space：Text classification for unstructured data on the web [C]//Sixth International Conference on Data Mining (ICDM'06). IEEE, 2006：1064-1069.

[110]Sun K, Lu T. Research on FNEA object-oriented classification based on multi-scale partition parameters[J]. Bulletin of Surveying and Mapping, 2018(3)：43-48.

[111]Sun Q, Wu Q. Feature space fusion classification of remote sensing image based on ant colony optimisation algorithm[J]. International Journal of Information and Communication Technology, 2022, 20(2)：164-176.

[112]Szegedy C, Liu W, Jia Y, et al. Going deeper with convolutions[C]//Proceedings of the IEEE conference on computer vision and pattern recognition. 2015：1-9.

[113]Tan W, Tiwari P, Pandey H M, et al. Multimodal medical image fusion algorithm in the

era of big data[J]. Neural computing and applications, 2020: 1-21.

[114] Tao Y, Xu M, Lu Z, et al. DenseNet-based depth-width double reinforced deep learning neural network for high-resolution remote sensing image per-pixel classification[J]. Remote Sensing, 2018, 10(5): 779.

[115] Tarkowski A, Bokarewa M, Collins L V, et al. Current status of pathogenetic mechanisms in staphylococcal arthritis[J]. FEMS Microbiology Letters, 2002, 217(2): 125-132.

[116] Tian Z, Zhan R, Hu J, et al. SAR ATR based on convolutional neural network[J]. Journal of Radars, 2016, 5(3): 320-325.

[117] Vincent L, Soille P. Watersheds in digital spaces: an efficient algorithm based on immersion simulations[J]. IEEE Transactions on Pattern Analysis & Machine Intelligence, 1991, 13(6): 583-598.

[118] Wan J, Ma Y. Multi-scale spectral-spatial remote sensing classification of coral reef habitats using CNN-SVM[J]. Journal of Coastal Research, 2020, 102(sp1): 11-20.

[119] Wan Y, Zhong Y, Ma A, et al. E2SCNet: Efficient multiobjective evolutionary automatic search for remote sensing image scene classification network architecture[J]. IEEE Transactions on Neural Networks and Learning Systems, 2022: 1-15.

[120] Wang H, Li J, Shen Z, et al. Improving semantic segmentation accuracy in thin cloud interference scenarios by mixing simulated cloud-covered samples[J]. International Journal of Applied Earth Observation and Geoinformation, 2024, 133: 104087.

[121] Wang J, Ma A, Zhong Y, et al. Cross-sensor domain adaptation for high spatial resolution urban land-cover mapping: From airborne to spaceborne imagery[J]. Remote Sensing of Environment, 2022, 277: 113058.

[122] Wang M, Fan T, Yun W, et al. PFWG improved CNN multispectral remote sensing image classification[J]. Laser and Optoelectronics Progress, 2019, 56(3): 031003.

[123] Wang S, Yang Y, Chang J, et al. Optimization of building contours by classifying high-resolution images[J]. Laser and Optoelectronics Progress, 2020, 57(2): 022801.

[124] Wang Y, Qi Q, Liu Y. Remote sensing unsupervised segmentation evaluation using area-weighted variance and jeffries-matusita distance for remote sensing images[J]. Remote Sensing, 2018, 10(8): 1193.

[125] Wang Z, Ma Y, Zhang Y. Review of pixel-level remote sensing image fusion based on deep learning[J]. Information Fusion, 2023, 90: 36-58.

[126] Wang Z, Li X, Duan H, et al. Medical image fusion based on convolutional neural networks and non-subsampled contourlet transform[J]. Expert Systems with Applications, 2021, 171: 114574.

[127] Wasilowska A, Tatur A, Pushina Z, et al. Impact of the 'Little Ice Age' climate cooling on the maar lake ecosystem affected by penguins: A lacustrine sediment record, Penguin Island, West Antarctica[J]. The Holocene, 2017, 27(8): 1115-1131.

[128] Wei W, Lu Y, Zhong T, et al. Integrated vision-based automated progress monitoring of

indoor construction using mask region-based convolutional neural networks and BIM[J].
Automation in Construction, 2022, 140: 104327.

[129] Wu Y, Feng S, Lin C, et al. A three stages detail injection network for remote sensing images pansharpening[J]. Remote Sensing, 2022, 14(5): 1077.

[130] Xie G, Shangguan A, Fei R, et al. Motion trajectory prediction based on a CNN-LSTM sequential model[J]. Science China Information Sciences, 2020, 63(11): 1-21.

[131] Xu J, Feng G, Zhao T, et al. Remote sensing image classification based on semi-supervised adaptive interval type-2 fuzzy c-means algorithm [J]. Computers and Geosciences, 2019, 131(C): 132-143.

[132] Xu S, Mu X, Chai D, et al. Remote sensing image scene classification based on generative adversarial networks[J]. Remote Sensing Letters, 2018, 9(7): 617-626.

[133] Xu S, Mu X, Zhao P, et al. Scene classification of remote sensing image based on multi-scale feature and deep neural network[J]. Acta Geodaetica et Cartographica Sinica, 2016, 45(7): 834-840.

[134] Xu Z, Zhu J, Geng J, et al. Triplet attention feature fusion network for SAR and optical image land cover classification [C]//2021 IEEE International Geoscience and Remote Sensing Symposium IGARSS. IEEE, 2021: 4256-4259.

[135] Yang B, Wang X. Boosting quality of pansharpened images using deep residual denoising network[J]. Laser and Optoelectronics Progress, 2019, 56(16): 161009-1-10.

[136] Yang Q. Research on SVM remote sensing image classification based on parallelization[J]. Journal of Physics: Conference Series, 2021, 1852(3): 9.

[137] Yang Y, Newsam S. Comparing SIFT descriptors and Gabor texture features for classification of remote sensed imagery[C]//2008 15th IEEE International Conference on Image Processing. IEEE, 2008: 1852-1855.

[138] Yin M, Liu X, Liu Y, et al. Medical image fusion with parameter-adaptive pulse coupled neural network in nonsubsampled shearlet transform domain[J]. IEEE Transactions on Instrumentation and Measurement, 2018, 68(1): 49-64.

[139] Ying S, Genton M G. Adjusted functional boxplots for spatio-temporal data visualization and outlier detection[J]. Environmetrics, 2012, 23(1): 54-64.

[140] You H, Tian S, Yu L, et al. Pixel-level remote sensing image recognition based on bidirectional word vectors[J]. IEEE Transactions on Geoscience and Remote Sensing, 2019, 58(2): 1281-1293.

[141] You Y, Wang S, Wang B, et al. Study on hierarchical building extraction from high resolution remote sensing imagery[J]. Journal of Remote Sensing, 2019, 23(1): 125-136.

[142] Younis M S, Mustafa S M. Land cover classification using remote sensing in amadiyah province[J]. IOP Conference Series: Earth and Environmental Science, 2021, 910(1): 125.

[143] Yu T, Zhu M, Chen H. Single image dehazing based on multi-scale segmentation and deep

learning[J]. Machine Vision and Applications, 2022, 33(2): 1-11.

[144] Yu X, Wu X, Luo C, et al. Deep learning in remote sensing scene classification: a data augmentation enhanced convolutional neural network framework[J]. GIScience & Remote Sensing, 2017, 54(5): 741-758.

[145] Zhang H, Shi W, Wang Y, et al. Classification of very high spatial resolution imagery based on a new pixel shape feature set[J]. IEEE Geoscience and Remote Sensing Letters, 2013, 11(5): 940-944.

[146] Zhang L, Cheng B. A joint tensor-based model for hyperspectral anomaly detection[J]. Geocarto International, 2021, 36(1): 47-59.

[147] Zhang S, Wu G, Gu J, et al. Pruning convolutional neural networks with an attention mechanism for remote sensing image classification[J]. Electronics, 2020, 9(8): 1209.

[148] Zhang X, Du S, Zhang Y. Semantic and spatial co-occurrence analysis on object pairs for urban scene classification [J]. IEEE Journal of Selected Topics in Applied Earth Observations and Remote Sensing, 2018, 11(8): 2630-2643.

[149] Zhang Y, Jin M, Huang G. Medical image fusion based on improved multi-scale morphology gradient-weighted local energy and visual saliency map[J]. Biomedical Signal Processing and Control, 2022, 74: 103535.

[150] Zhang Y, Bai X, Wang T. Boundary finding based multi-focus image fusion through multi-scale morphological focus-measure[J]. Information fusion, 2017, 35: 81-101.

[151] Zhang Y, Zhang H, Tian H, et al. MME-RealWorld: Could Your Multimodal LLM Challenge High-Resolution Real-World Scenarios that are Difficult for Humans? [J]. arXiv preprint arXiv: 2408. 13257, 2024.

[152] Zhang Z, Cui X, Zheng Q, et al. Land use classification of remote sensing images based on convolution neural network[J]. Arabian Journal of Geosciences, 2021, 14: 1-6.

[153] Zhao B, Zhong Y, Xia G, et al. Dirichlet-derived multiple topic scene classification model for high spatial resolution remote sensing imagery[J]. IEEE Transactions on Geoscience and Remote Sensing, 2016, 54(4): 2108-2123.

[154] Zhong Y, Cui M, Zhu Q, et al. Scene classification based on multifeature probabilistic latent semantic analysis for high spatial resolution remote sensing images[J]. Journal of Applied Remote Sensing, 2015, 9(1).

[155] Zhong Y, Wu S, Zhao B. Scene semantic understanding based on the spatial context relations of multiple objects[J]. Remote Sensing, 2017, 9(10): 1030.

[156] Zou Q, Ni L, Zhang T, et al. Deep learning based feature selection for remote sensing scene classification [J]. IEEE Geoscience and remote sensing letters, 2015, 12(11): 2321-2325.

[157] 白宇. 基于深度学习的遥感图像林地识别技术的研究与应用[D]. 北京: 北京邮电大学, 2019.

[158] 布仁仓, 常禹, 胡远满, 等. 基于 Kappa 系数的景观变化测度——以辽宁省中部城市

群为例[J]. 生态学报, 2005(4): 778-784, 945.

[159] 曹海翊, 高洪涛, 赵晨光. 我国陆地定量遥感卫星技术发展[J]. 航天器工程, 2018, 27(4): 1-9.

[160] 曹琼, 马爱龙, 钟燕飞, 等. 高光谱-LiDAR 多级融合城区地表覆盖分类[J]. 遥感学报, 2019, 23(5): 892-903.

[161] 查勇, 倪绍祥, 杨山. 一种利用 TM 图像自动提取城镇用地信息的有效方法[J]. 遥感学报, 2003(1): 37-40, 82.

[162] 常亮, 邓小明, 周明全, 等. 图像理解中的卷积神经网络[J]. 自动化学报, 2016, 42(9): 1300-1312.

[163] 陈斌, 王宏志, 徐新良, 等. 深度学习 GoogleNet 模型支持下的中分辨率遥感影像自动分类[J]. 测绘通报, 2019(6): 29-33, 40.

[164] 陈春雷, 武刚. 面向对象的遥感影像最优分割尺度评价[J]. 遥感技术与应用, 2011, 26(1): 96-101.

[165] 陈辉, 张卡, 宿东, 等. 建筑物侧面轮廓线约束的高分辨率遥感影像建筑物高度估算方法[J]. 测绘通报, 2019(9): 34-37, 72.

[166] 陈家新, 王纪刚. 一种改进的医学图像分水岭分割算法[J]. 计算机应用研究, 2013, 30(8): 2557-2560.

[167] 陈杰, 陈铁桥, 刘慧敏, 等. 高分辨率遥感影像耕地分层提取方法[J]. 农业工程学报, 2015, 31(2): 190-197.

[168] 陈丽萍, 黄明明. 自然联结量表在初中生群体中的适用性分析: 基于 Rasch 模型[J]. 萍乡学院学报, 2019, 36(5): 88-92.

[169] 陈应霞, 陈艳, 刘丛. 遥感影像融合 AIHS 转换与粒子群优化算法[J]. 测绘学报, 2019, 48(10): 1296-1304.

[170] 成飞飞, 付志涛, 黄亮, 等. 结合自适应 PCNN 的非下采样剪切波遥感影像融合[J]. 测绘学报, 2021, 50(10): 1380-1389.

[171] 程康明, 熊伟丽. 一种自训练框架下的三优选半监督回归算法[J]. 智能系统学报, 2020, 15(3): 568-577.

[172] 戴激光, 杜阳, 方鑫鑫, 等. 多特征约束的高分辨率光学遥感影像道路提取[J]. 遥感学报, 2018, 22(5): 777-791.

[173] 邓培芳, 徐科杰, 黄鸿. 基于 CNN-GCN 双流网络的高分辨率遥感影像场景分类[J]. 遥感学报, 2021, 25(11): 2270-2282.

[174] 邓书斌, 陈秋锦, 杜会建, 等. ENVI 遥感图像处理方法[M]. 2 版. 北京: 高等教育出版社, 2014.

[175] 丁世飞, 齐丙娟, 谭红艳. 支持向量机理论与算法研究综述[J]. 电子科技大学学报, 2011, 40(1): 2-10.

[176] 丁月平, 史玉峰. 高空间分辨率遥感影像分类最优分割尺度[J]. 辽宁工程技术大学学报(自然科学版), 2014, 33(1): 56-61.

[177] 董新丰, 甘甫平, 李娜, 等. 高分五号高光谱影像矿物精细识别[J]. 遥感学报,

2020，24（4）：454-464.

[178]杜培军，阿里木·赛买提. 高分辨率遥感影像分类的多示例集成学习[J]. 遥感学报，
2013，17（1）：77-97.

[179]范登科，李明，贺少帅. 基于环境小卫星 CCD 影像的水体提取指数法比较[J]. 地理
与地理信息科学，2012（28-2）：14-19.

[180]冯丽英. 基于深度学习技术的高分辨率遥感影像建设用地信息提取研究[D]. 杭州：
浙江大学，2017.

[181]冯权泷，陈泊安，李国庆，等. 遥感影像样本数据集研究综述[J]. 遥感学报，2022，
26（4）：589-605.

[182]耿修瑞. 高光谱遥感图像目标探测与分类技术研究[D]. 北京：中国科学院研究生院
（遥感应用研究所），2005.

[183]龚健雅，许越，胡翔云，等. 遥感影像智能解译样本库现状与研究[J]. 测绘学报，
2021，50（8）：1013-1022.

[184]龚希，陈占龙，吴亮，等. 用于高分辨遥感影像场景分类的迁移学习混合专家分类模
型[J]. 光学学报，2021，41（23）：19-31.

[185]龚循强，侯昭阳，吕开云，等. 结合改进 Laplacian 能量和参数自适应双通道 ULPCNN
的遥感影像融合方法[J]. 测绘学报，2023，52（11）：1892-1905.

[186]龚循强，刘星雷，鲁铁定，等. 基于规则验证点的面向对象分类精度评价[J]. 激光与
光电子学进展，2020，57（24）：201032.

[187]龚循强，张方泽，鲁铁定，等. 基于中位数绝对偏差的异常训练样本探测方法[J]. 激
光与光电子学进展，2020，57（23）：173-178.

[188]龚循强，刘星雷，鲁铁定，等. 面向对象的中值绝对偏差法在建筑物提取中的应
用[J]. 激光与光电子学进展，2021，58（12）：403-408.

[189]韩洁，郭擎，李安. 结合非监督分类和几何-纹理-光谱特征的高分影像道路提取[J].
中国图象图形学报，2017，22（12）：1788-1797.

[190]韩潇冰. 高分辨率遥感影像"像素-目标-场景"的深度理解方法研究[D]. 武汉：武汉
大学，2018.

[191]何江，袁强强，李杰. 面向多光谱卫星成像的广义光谱超分辨率[J]. 光子学报，
2023，52（2）：159-166.

[192]洪亮，冯亚飞，彭双云，等. 面向对象的多尺度加权联合稀疏表示的高空间分辨率遥
感影像分类[J]. 测绘学报，2022，51（2）：224-237.

[193]侯昭阳，吕开云，龚循强，等. 一种结合低级视觉特征和 PAPCNN 的 NSST 域遥感影
像融合方法[J]. 武汉大学学报（信息科学版），2023，48（6）：960-969.

[194]胡静，张钰婧，赵明华，等. 局部梯度轮廓变换的高光谱异常检测[J]. 中国图象图形
学报，2021，26（8）：1847-1859.

[195]黄海新，赵迪，宋天艺，等. 高光谱遥感图像分类算法的研究[J]. 信息技术与信息
化，2022（2）：140-142.

[196]黄红莲，易维宁，杜丽丽，等. 基于人工靶标的多光谱遥感图像真彩色合成[J]. 红外

与激光工程, 2016, 45(11): 354-359.

[197] 黄立贤, 沈志学. 高光谱遥感图像的监督分类[J]. 地理空间信息, 2011, 9(5): 81-83, 166.

[198] 黄邵东, 徐伟恒, 熊源, 等. 结合纹理和空间特征的多光谱影像面向对象茶园提取[J]. 光谱学与光谱分析, 2021, 41(8): 2565-2571.

[199] 黄昕, 李家艺. 遥感图像解译[M]. 2 版. 武汉: 武汉大学出版社, 2023.

[200] 黄昕. 高分辨率遥感影像多尺度纹理、形状特征提取与面向对象分类研究[D]. 武汉: 武汉大学, 2009.

[201] 黄志鸿. 高光谱遥感图像异常目标检测方法研究[D]. 长沙: 湖南大学, 2020.

[202] 蒋科迪, 殷勇, 贾培红, 等. 基于遥感影像的陵水海岸带调查研究[J]. 测绘地理信息, 2021, 46(S1): 65-70.

[203] 贾霄, 郭顺心, 赵红. 基于图像属性的零样本分类方法综述[J]. 南京大学学报(自然科学), 2021, 57(4): 531-543.

[204] 金永涛, 杨秀峰, 高涛, 等. 基于面向对象与深度学习的典型地物提取[J]. 国土资源遥感, 2018, 30(1): 22-29.

[205] 孔祥兵. 基于同质区分析的高光谱影像混合像元分解[D]. 武汉: 武汉大学, 2012.

[206] 孔英会, 景美丽. 基于混淆矩阵和集成学习的分类方法研究[J]. 计算机工程与科学, 2012, 34(6): 111-117.

[207] 雷钊, 习晓环, 王成, 等. 决策树约束的建筑点云提取方法[J]. 激光与光电子学进展, 2018, 55(8): 082803.

[208] 李聪妤, 刘家奇, 刘欣鑫, 等. 适应复杂区域的时序 SAR 影像洪水监测与分析[J]. 遥感学报, 2024, 28(2): 346-358.

[209] 李德仁, 丁霖, 邵振峰. 面向实时应用的遥感服务技术[J]. 遥感学报, 2021, 25(1): 15-24.

[210] 李淼, 陈海鹏, 邱博. 一种融合面向对象与深度学习的地表覆盖监测成果质检技术[J]. 测绘通报, 2022(S2): 176-178.

[211] 李娜, 包妮沙, 吴立新, 等. 面向对象矿区复垦植被分类最优分割尺度研究[J]. 测绘科学, 2016, 41(4): 66-71, 76.

[212] 李旗, 魏楚. 基于分水岭算法的遥感图像分割方法研究[J]. 无线互联科技, 2019, 7(13): 166-169.

[213] 李前景, 刘珺, 米晓飞, 等. 面向对象与卷积神经网络模型的 GF-6 WFV 影像作物分类[J]. 遥感学报, 2021, 25(2): 549-558.

[214] 李石华, 王金亮, 毕艳, 等. 遥感图像分类方法研究综述[J]. 国土资源遥感, 2005(2): 1-6.

[215] 李树涛, 李聪妤, 康旭东. 多源遥感图像融合发展现状与未来展望[J]. 遥感学报, 2021, 25(1): 148-166.

[216] 李心萍. 高铁里程达 4.5 万公里[N]. 人民日报, 2024-01-10 (002)9.

[217] 李新德, 王丰羽. 一种基于 ISODATA 聚类和改进相似度的证据推理方法[J]. 自动化

学报，2015，41（3）：575-590.

[218] 李羿轩. 面向太阳超光谱遥感的正交式可调谐空间外差光谱技术研究[D]. 长春：中国科学院大学（中国科学院长春光学精密机械与物理研究所），2022.

[219] 李永国，徐彩银，汤璇，等. 半监督学习方法研究综述[J]. 世界科技研究与发展，2023，45（1）：26-40.

[220] 李玉榕，项国波. 一种基于马氏距离的线性判别分析分类算法[J]. 计算机仿真，2006（8）：86-88.

[221] 李志强，蔡国印，杨柳忠，等. 一种基于多分类器的 GF-2 卫星影像分类方法[J]. 测绘地理信息，2019，44（4）：94-97.

[222] 林祥国，张继贤. 面向对象的形态学建筑物指数及其高分辨率遥感影像建筑物提取应用[J]. 测绘学报，2017，46（6）：724-733.

[223] 林雪，彭道黎，黄国胜，等. 结合多尺度纹理特征的遥感影像面向对象分类[J]. 测绘工程，2016，25（7）：22-27.

[224] 林雨准，张保明，王丹苪，等. 多特征融合的高分辨率遥感影像建筑物分级提取[J]. 中国图象图形学报，2017，22（12）：1798-1808.

[225] 刘兵兵，魏建新，胡天宇，等. 卫星遥感监测产品在中国森林生态系统的验证和不确定性分析——基于海量无人机激光雷达数据[J/OL]. 植物生态学报，2022：1-12.

[226] 刘丹，刘学军，王美珍. 一种多尺度 CNN 的图像语义分割算法[J]. 遥感信息，2017，32（1）：57-64.

[227] 刘端阳，邱卫杰. 基于 SVM 期望间隔的多标签分类的主动学习[J]. 计算机科学，2011，38（4）：230-232.

[228] 刘建南，冷亮，杨国东. 遥感影像平行六面体法则监督分类与目视识别的对比分析[J]. 才智，2009（19）：85-86.

[229] 刘建伟，刘媛，罗雄麟. 半监督学习方法[J]. 计算机学报，2015，38（8）：1592-1617.

[230] 刘金丽，陈钊，高金萍，等. 高分影像树种分类的最优分割尺度确定方法[J]. 林业科学，2019，55（11）：95-104.

[231] 刘晋，邓洪敏，徐泽林，等. 面向目标识别的轻量化混合卷积神经网络[J]. 计算机应用，2021，41（S2）：5-12.

[232] 刘星雷，鲁铁定，龚循强. 基于 GF-2 遥感影像面向对象分类方法比较[J]. 江西科学，2019，37（6）：915-916.

[233] 刘卓涛，龚循强，夏元平，等. KU-Net：改进 U-Net 的高分辨率遥感影像建筑物提取方法[J]. 遥感信息，2024，39（5）：121-131.

[234] 卢宏涛，张秦川. 深度卷积神经网络在计算机视觉中的应用研究综述[J]. 数据采集与处理，2016，31（1）：1-17.

[235] 卢旺，张雅声，徐灿，等. 基于双谱-谱图特征和深度卷积神经网络的 HRRP 目标识别方法[J]. 系统工程与电子技术，2020，42（8）：1703-1709.

[236] 卢兴. 基于分层次多尺度分割的高分遥感影像分类研究[D]. 南昌：东华理工大学，2018.

[237]卢兴,陈晓勇.边缘检测与面向对象结合的高分影像建筑物提取[J].江西科学,
    2015,33(1):5-11.

[238]吕佳,李婷婷.半监督自训练方法综述[J].重庆师范大学学报(自然科学版),2021,
    38(5):98-106.

[239]马彩虹,戴芹,刘士彬.一种融合 PSO 和 Isodata 的遥感图像分割新方法[J].武汉大
    学学报(信息科学版),2012,37(1):35-38.

[240]梅安新,彭望琭,秦其明,等.遥感导论[M].北京:高等教育出版社,2001.

[241]梅江元.基于马氏距离的度量学习算法研究及应用[D].哈尔滨:哈尔滨工业大
    学,2016.

[242]闵蕾,高昆,李维,等.光学遥感图像分割技术综述[J].航天返回与遥感,2020,41
    (6):1-13.

[243]牟多铎,刘磊.ELM 与 SVM 在高光谱遥感图像监督分类中的比较研究[J].遥感技术
    与应用,2019,34(1):115-124.

[244]潘俊虹,梁明.多尺度分割的高分辨率遥感影像分类对比研究[J].现代计算机,
    2022,28(22):56-60.

[245]潘霞.基于 Google Earth Engine 云平台下地物覆被类型的遥感影像智能分类方法研
    究[D].呼和浩特:内蒙古农业大学,2021.

[246]祁亨年.支持向量机及其应用研究综述[J].计算机工程,2004(10):6-9.

[247]钱巧静,谢瑞,张磊,等.面向对象的土地覆盖信息提取方法研究[J].遥感技术与应
    用,2005(3):338-342.

[248]乔星星,施文灶,刘芫汐,等.基于 ResNet 双注意力机制的遥感图像场景分类[J].
    计算机系统应用,2021,30(8):243-248.

[249]任媛媛,汪传建.数据异常情况下遥感影像时间序列分类算法[J].计算机应用,
    2021,41(3):662-668.

[250]慎利,方灿明,王继成,等.场景解译框架下的高铁沿线建筑物自动识别[J].遥感信
    息,2018,33(3):77-84.

[251]施慧慧,徐雁南,滕文秀,等.高分辨率遥感影像深度迁移可变形卷积的场景分类
    法[J].测绘学报,2021,50(5):652-663.

[252]史静,朱虹,邢楠,等.一种多尺度时频纹理特征融合的场景分类算法[J].仪器仪表
    学报,2016,37(10):2333-2339.

[253]史文娇,张沫.土壤粒径空间预测方法研究综述[J].地理学报,2022,77(11):
    2890-2901.

[254]史泽鹏,马友华,王玉佳,等.遥感影像土地利用/覆盖分类方法研究进展[J].中国
    农学通报,2012,28(12):273-278.

[255]苏润.基于 U-Net 框架的医学图像分割若干关键问题研究[D].合肥:中国科学技术
    大学,2021.

[256]苏伟,李京,陈云浩,等.基于多尺度影像分割的面向对象城市土地覆被分类研
    究——以马来西亚吉隆坡市城市中心区为例[J].遥感学报,2007(4):521-530.

[257] 孙华生, 徐爱功, 张玲玲. 硬分类对低空间分辨率图像分类效果的影响[J]. 测绘科学, 2015, 40(2): 138-141.

[258] 孙坤, 鲁铁定. 顾及多尺度分割参数的 FNEA 面向对象分类[J]. 测绘通报, 2018 (3): 43-48.

[259] 孙坤, 鲁铁定. 监督分类方法在遥感图像分类处理中的比较[J]. 江西科学, 2017, 35 (3): 367-371.

[260] 邰建豪. 深度学习在遥感影像目标检测和地表覆盖分类中的应用研究[D]. 武汉: 武汉大学, 2017.

[261] 田罗, 屈永华, Korhonen L, 等. 考虑目标光谱差异的机载离散激光雷达叶面积指数反演[J]. 遥感学报, 2020, 24(12): 1450-1463.

[262] 田壮壮, 占荣辉, 胡杰民, 等. 基于卷积神经网络的 SAR 图像目标识别研究[J]. 雷达学报, 2016, 5(3): 320-325.

[263] 童莹萍, 全英汇, 冯伟, 等. 基于空谱信息协同与 Gram-Schmidt 变换的多源遥感图像融合方法[J]. 系统工程与电子技术, 2022, 44(7): 2074-2083.

[264] 汪海燕, 黎建辉, 杨风雷. 支持向量机理论及算法研究综述[J]. 计算机应用研究, 2014, 31(5): 1281-1286.

[265] 王俊淑, 江南, 张国明, 等. 高光谱遥感图像 DE-self-training 半监督分类算法[J]. 农业机械学报, 2015, 46(5): 239-244.

[266] 王民, 樊潭飞, 贠卫国, 等. PFWG 改进的 CNN 多光谱遥感图像分类[J]. 激光与光电子学进展, 2019, 56(3): 031003.

[267] 王明伟, 王志平, 赵春霞, 等. 基于最大似然和支持向量机方法的遥感影像地物分类精度评估与比较研究[J]. 山东科技大学学报(自然科学版), 2016, 35(3): 25-32.

[268] 王千, 王成, 冯振元, 等. K-means 聚类算法研究综述[J]. 电子设计工程, 2012, 20 (7): 21-24.

[269] 王荣, 李静, 王亚琴, 等. 面向对象最优分割尺度的选择及评价[J]. 测绘科学, 2015, 40(11): 105-110.

[270] 王瑞, 杜林峰, 孙督, 等. 复杂场景下结合 SIFT 与核稀疏表示的交通目标分类识别[J]. 电子学报, 2014, 42(11): 2129-2134.

[271] 王双喜, 杨元维, 常京新, 等. 高分辨率影像分类提取建筑物轮廓的优化方法[J]. 激光与光电子学进展, 2020, 57(2): 022801.

[272] 王新明, 梁维泰, 周方, 等. 基于支持向量机和 Getis 因子的高分辨率遥感图像分类[J]. 地理与地理信息科学, 2018, 24(4): 16-20.

[273] 王旭红, 肖平, 郭建明. 高光谱数据降维技术研究[J]. 水土保持通报, 2006, 26(6): 89-91.

[274] 王振武, 孙佳骏, 于忠义, 等. 基于支持向量机的遥感图像分类研究综述[J]. 计算机科学, 2016, 43(9): 11-17, 31.

[275] 卫丹妮, 杨有龙, 仇海全. 结合密度峰值和切边权值的自训练算法[J]. 计算机工程与应用, 2021, 57(2): 70-76.

195

[276]卫志农,张云岗,郑玉平.ISODATA 方法在配网状态估计不良数据辨识中的应用[J].河海大学学报(自然科学版),2002(2):97-100.

[277]吴非权,马海州,沙占江,等.基于决策树与监督、非监督分类方法相结合模型的遥感应用研究[J].盐湖研究,2005(4):9-13.

[278]吴志丰,王业宁,孔繁花,等.基于热红外影像数据的典型居住区常见地表类型热特征分析[J].生态学报,2016,36(17):5421-5431.

[279]肖艳,王斌.基于面向对象的极化雷达影像分类[J].红外与毫米波学报,2020,39(4):505-512.

[280]谢志伟,翟帅智,张丰源,等.面向对象高分影像归纳式图神经网络分类法[J].测绘学报,2024,53(8):1610-1623.

[281]谢志炜,温锐刚,孟安波,等.基于箱形图和隔离森林的施工人次数据处理与预测研究[J].工程管理学报,2018,32(5):92-96.

[282]许夙晖,慕晓冬,赵鹏,等.利用多尺度特征与深度网络对遥感影像进行场景分类[J].测绘学报,2016,45(7):834-840.

[283]闫琰,董秀兰,李燕.基于 ENVI 的遥感图像监督分类方法比较研究[J].北京测绘,2011(3):14-16.

[284]杨斌,王翔.基于深度残差去噪网络的遥感融合图像质量提升[J].激光与光电子学进展,2019,56(16):161009.

[285]杨俊闯,赵超.K-Means 聚类算法研究综述[J].计算机工程与应用,2019,55(23):7-14,63.

[286]杨秋莲,刘艳飞,丁乐乐,等.高分影像场景分类的半监督深度卷积神经网络学习方法[J].测绘学报,2021,50(7):930-938.

[287]杨鑫.浅谈遥感图像监督分类与非监督分类[J].四川地质学报,2008(3):251-254.

[288]杨云辉,赵鲁全,李新举,等.利用无人机和面向对象技术快速提取田坎面积[J].测绘地理信息,2022,47(2):96-100.

[289]杨雨龙,郭田德,韩丛英.基于原型学习改进的伪标签半监督学习算法[J].中国科学院大学学报,2021,38(6):841-851.

[290]游永发,王思远,王斌,等.高分辨率遥感影像建筑物分级提取[J].遥感学报,2019,23(1):125-136.

[291]张峰极,吴艳兰,姚雪东,等.基于改进 DenseNet 网络的多源遥感影像露天开采区智能提取方法[J].遥感技术与应用,2020,35(3):673-684.

[292]张浩,赵云胜,陈冠宇,等.基于支持向量机的遥感图像建筑物识别与分类方法研究[J].地质科技情报,2016(6):196-199.

[293]张良培,何江,杨倩倩,等.数据驱动的多源遥感信息融合研究进展[J].测绘学报,2022,51(7):1317-1337.

[294]张良培,张乐飞,袁强强.遥感大模型:进展与前瞻[J].武汉大学学报(信息科学版),2023,48(10):1574-1581.

[295]张露洋,雷国平,郭一洋,等.基于 Landsat 影像的面向对象土地利用分类——以下

辽河平原为例[J].应用基础与工程科学学报,2021,29(2):261-271.

[296]张明,黄双燕.基于 Landsat-8 的遥感影像分类研究[J].测绘与空间地理信息,2019,42(1):177-180.

[297]张能欢,王永滨.基于多尺度感受野网络和注意力机制的场景识别方法研究[J].中国传媒大学学报(自然科学版),2020,27(5):9-15.

[298]张怡.基于贝叶斯算法优化支持向量机的遥感分类研究[D].上海:华东师范大学,2021.

[299]张祖勋,姜慧伟,庞世燕,等.多时相遥感影像的变化检测研究现状与展望[J].测绘学报,2022,51(7):1091-1107.

[300]赵春霞,钱乐祥.遥感影像监督分类与非监督分类的比较[J].河南大学学报(自然科学版),2004(3):90-93.

[301]赵理君,唐娉,霍连志,等.图像场景分类中视觉词包模型方法综述[J].中国图象图形学报,2014,19(3):333-343.

[302]赵鹏.遥感异常图像智能检测算法研究与实现[D].西安:西安电子科技大学,2020.

[303]赵诣,蒋弥.极化 SAR 参数优化与光学波谱相结合的面向对象土地覆盖分类[J].测绘学报,2019,48(5):609-617.

[304]郑远攀,李广阳,李晔.深度学习在图像识别中的应用研究综述[J].计算机工程与应用,2019,55(12):20-36.

[305]郑著彬,张润飞,李建忠,等.基于欧比特高光谱影像的滇池叶绿素 a 浓度遥感反演研究[J].遥感学报,2022,26(11):2162-2173.

[306]周爱武,于亚飞.K-Means 聚类算法的研究[J].计算机技术与发展,2011,21(2):62-65.

[307]周俊宇,赵艳明.卷积神经网络在图像分类和目标检测应用综述[J].计算机工程与应用,2017,53(13):34-41.

[308]周秀芳,龚循强,李泽春,等.基于 ESP2 的面向对象分类方法在高铁线路提取中的应用[J].测绘地理信息,2024,49(4):20-23.

[309]朱长明,李均力,张新,等.面向对象的高分辨率遥感影像湿地信息分层提取[J].测绘通报,2014(10):25-28.

[310]朱长明,骆剑承,沈占锋,等.DEM 辅助下的河道细小线性水体自适应迭代提取[J].测绘学报,2013,42(2):277-283.

[311]庄喜阳,赵书河,陈诚,等.面向对象的遥感影像最优分割尺度监督评价[J].国土资源遥感,2016,28(4):49-58.

[312]邹洪侠,秦锋,程泽凯,等.二类分类器的 ROC 曲线生成算法[J].计算机技术与发展,2009,19(6):109-112.